《中国大百科全书》青少年拓展阅读版

U0194095

飞阁流丹

中国古代建筑类型

中国大百科全书出版社

图书在版编目（CIP）数据

飞阁流丹·中国古代建筑类型／《中国大百科全书》
青少年拓展阅读版编委会编．--北京：中国大百科全书
出版社，2019.9

（中国大百科全书：青少年拓展阅读版）
ISBN 978-7-5202-0609-9

Ⅰ.①飞… Ⅱ.①中… Ⅲ.①古建筑－中国－青少年
读物 Ⅳ.①TU-092.2

中国版本图书馆CIP数据核字（2019）第209334号

出 版 人：刘国辉
策划编辑：黄佳辉
责任编辑：黄佳辉
装帧设计：WONDERLAND Book design
　　　　　仙嵿 QQ:344581934
责任印制：邹景峰
出版发行：中国大百科全书出版社
地　　址：北京阜成门北大街17号　　邮编：100037
网　　址：http://www.ecph.com.cn　　电话：010-88390718
图文制作：北京鑫联必升文化发展有限公司
印　　刷：蠡县天德印务有限公司
字　　数：102千字
印　　数：1～10000
印　　张：7.5
开　　本：710mm×1000mm　　1/16
版　　次：2019年9月第1版
印　　次：2020年1月第1次印刷
书　　号：ISBN 978-7-5202-0609-9
定　　价：32.00元

序

百科全书（encyclopedia）是概要介绍人类一切门类知识或某一门类知识的工具书。现代百科全书的编纂是西方启蒙运动的先声，但百科全书的现代定义实际上源自人类文明的早期发展方式：注重知识的分类归纳和扩展积累。对知识的分类归纳关乎人类如何认识所处身的世界，所谓"辨其品类""命之以名"，正是人类对日月星辰、草木鸟兽等万事万象基于自我理解的创造性认识，人类从而建立起对应于物质世界的意识世界。而对知识的扩展积累，则体现出在社会的不断发展中人类主体对信息广博性的不竭追求，以及现代科学观念对知识更为深入的秩序性建构。这种广博系统的知识体系，是一个国家和一个时代科学文化高度发展的标志。

中国古代类书众多，但现代意义上的百科全书事业开创于1978年，中国大百科全书出版社的成立即肇基于此。百科社在党中央、国务院的高度重视和支持下，于1993年出版了《中国大百科全书》（第一版）（74卷），这是中国第一套按学科分卷的大百科全书，结束了中国没有自己的百科全书的历史；2009年又推出了《中国大百科全书》（第二版）（32卷），这是中国第一部采用汉语拼音为序、与国际惯例接轨的现代综合性百科全书。两版百科全书用时三十年，先后共有三万多名各学科各领域最具代表性的专家学者参与其中。目前，中国大百科全书出版社继续致力于《中国大百科全书》（第三版）这一数字化时代新型百科全书的编纂工作，努力构建基于信息化技术和互联网，进行知识生产、分发和传播的国家大型公共知识服务平台。

从图书纸质媒介到公共知识平台，这一介质与观念的变化折射出知识在当代的流动性、开放性、分享性，而努力为普通人提供整全清晰的知识脉络和日常应用的资料检索之需，正愈加成为传统百科全书走出图书馆、服务不同层级阅读人群的现实要求与自我期待。

《〈中国大百科全书〉青少年拓展阅读版》正是在这样的期待中应运而生的。本套丛书依据《中国大百科全书》（第一版）及《中国大百科全书》（第二版）内容编选，在强调知识内容权威准确的同时力图实现服务的分众化，为青少年拓展阅读提供一套真正的校园版百科全书。丛书首先参照学校教育中的学科划分确定知识领域，然后在各类知识领域中梳理不同知识脉络作为分册依据，使各册的条目更紧密地结合学校课程与考纲的设置，并侧重编选对于青少年来说更为基础性和实用性的条目。同时，在条目中插入便于理解的图片资料，增加阅读的丰富性与趣味性；封面装帧也尽量避免传统百科全书"高大上"的严肃面孔，设计更为青少年所喜爱的阅读风格，为百科知识向未来新人的分享与传递创造更多的条件。

百科全书是蔚为壮观、意义深远的国家知识工程，其不仅要体现当代中国学术积累的厚度与知识创新的前沿，更要做好为未来中国培育人才、启迪智慧、普及科学、传承文化、弘扬精神的工作。《〈中国大百科全书〉青少年拓展阅读版》愿做从百科全书大海中取水育苗的"知识搬运工"，为中国少年睿智卓识的迸发尽心竭力。

本书编委会

2019 年 9 月

目
录

第一章　中国古代建筑

一、中国古代建筑史　　　　　　　　　　　　　1

二、中国古代建筑特征　　　　　　　　　　　　7

三、中国古代建筑等级制度　　　　　　　　　12

第二章　中国古代建筑类型

一、城池　　　　　　　　　　　　　　　　　15

二、市　　　　　　　　　　　　　　　　　　24

三、里坊　　　　　　　　　　　　　　　　　25

四、庄园　　　　　　　　　　　　　　　　　29

五、坞壁　　　　　　　　　　　　　　　　　31

六、宫殿　　　　　　　　　　　　　　　　　34

七、坛　　　　　　　　　　　　　　　　　　44

八、庙　　　　　　　　　　　　　　　　　　45

九、衙署	47
十、仓廪	51
十一、府库	53
十二、钟鼓楼	55
十三、戏楼	57
十四、府邸	61
十五、殿堂	64
十六、楼阁	65
十七、园廊	67
十八、亭	69
十九、阙	70
二十、坊表	73

二十一、影壁　　　　　　　　　　　75

二十二、台榭　　　　　　　　　　　76

二十三、塔　　　　　　　　　　　　77

二十四、幢　　　　　　　　　　　　82

二十五、民居　　　　　　　　　　　84

二十六、佛寺　　　　　　　　　　　91

二十七、道观　　　　　　　　　　　98

二十八、明堂　　　　　　　　　　　104

二十九、陵墓　　　　　　　　　　　106

第一章　中国古代建筑

［一、中国古代建筑史］

在世界建筑体系中，中国古代建筑是源远流长的独立发展的体系。这种建筑体系至迟在 3000 多年前的商殷时期就已经初步形成并逐步发展起来。直至 20 世纪初，始终保持着自己的结构和布局原则，而且传播、影响到邻近国家。

中国古代建筑大致可分为下述几个时期。

原始社会　中华民族的祖先早就在黄土地层上挖掘洞穴，作为居住之所。穴居时代积累了对黄土地层的认识和夯筑的技能，搭盖穴口顶盖积累了对木材性能的知识和加工的经验技巧。穴口周围培土，以防地面水流入穴内，顶盖上留出洞口，以便排烟通风等，这些措施，逐渐形成了某些固定的屋顶形式。在南方某些

半坡遗址 3 号圆形房基

低洼或沼泽地区，还从穴居逐步发展出桩基和木材架空的干栏构造。从新石器时代仰韶文化的西安半坡遗址可以看到当时的聚居点已经是有规划的形式，中国建筑的特点已经开始萌芽。半坡遗址中许多小房子全都以一个大房子为中心，这种原始社会的生活方式，后来发展成为集合若干单体建筑组成"组群"的总体布局原则。

商周 这是中国建筑的一个大发展时期。商代早期的河南偃师二里头遗址和后期的安阳殷墟遗址，是两种不同性质的建筑遗址。也许前者是"朝"，是规模宏大的公共场所，从它的柱础的排列可以判定它是以木结构为骨架，使用纵架形式；殷墟大墓葬的墓室都是井干式结构形式。这两种结构形式，对中国建筑以后的发展都曾产生重大影响。

周代遗留的铜器上表现出了当时建筑的局部形象，如栌头、门、勾阑。尤其是东周战国中山王墓中出土的一件铜案，四角铸出精确优美的斗拱形象。由此可知，周代建筑上已经使用斗和拱，并已有简单的组合形式。中山王墓中出土的《兆域图》，不仅表明当时的制图水平，还告诉人们当时的建筑是先绘制出平面图才施工的。湖北蕲春发掘出的周代遗址，则明确地说明干栏结构已经普遍应用。

战国时期留下许多城市遗址。现今还可以在地面上看到的城墙遗迹，反映了当时城市建设的发达，足见在"百家争鸣"的学术繁荣时代，建筑也未曾落后。现存的一些战国时代的铜器上，保存着线刻的建筑形象，乃是现知最古老的建筑立面图（也许是断面图）。从中也大致可以看出画的是台榭建筑，有踏步或坡道、屋顶、柱、梁。根据细部，仍可断定是纵架结构。

秦汉 秦始皇所建的阿房宫前殿现存夯土基址，东西长 1000 余米，南北宽 500 米，残高 8 米。从尺度看，"上可坐万人，下可建五丈旗"，确有可能。西汉初期仍然承袭前代台榭建筑形式和纵架结构。西汉末台榭建筑渐次减少，楼阁建筑开始兴起。战国以来，大规模营建台榭宫殿，促进了结构技术的发展，有迹象表明已逐渐应用横架。长期建造阁道、飞阁，又建高数十丈的井干楼，促进了井干和斗拱构造的发展，在许多石阙上，已看到雕刻着一种层层叠垒的井干或斗

阿房宫遗址

拱结构形式的图案。从许多壁画、画像石上描绘的礼仪或宴饮图中，可以看到当时殿堂室内高度较小，不用门窗，只在柱间悬挂帷幔。

　　文献所记西汉宫殿多以"阁道"相属，而未央宫西，跨城作飞阁通建章宫，可见当时宫殿多为台榭形制，故必须以阁道相连属，甚至城内外也以飞阁相往来。

　　在建筑史上，东汉是一个重要转折点，这时期虽然仍没有保存下原建筑，但建筑形象的资料却非常丰富。汉代崖墓的外廊（或是庙堂）、外门，墓内庞大的石柱、斗拱，都是对木构建筑局部的真实模拟。许多祠庙和陵墓前的石阙，都是忠实模拟木构建筑外形雕刻的。它们表示出木结构的一些构造细节，这些"准实例"唯一的不足之处是无法显示室内或内部构造。此外，还有大量的间接资料，如壁画、画像砖、画像石和明器中的陶楼、陶屋，对真实建筑的形象，室内布置情况，以及建筑组群布局等方面都作出形象的、具体的补充。根据这些资料，人们对中国古代建筑的感性认识才充实丰富起来。

　　三国两晋南北朝　史籍记载中最早的佛教建筑，是东汉末年笮融建造的浮屠祠。其后北魏时在平城永宁寺和洛阳永宁寺均建有木结构浮屠（塔），前者七级，后者九级。现已在洛阳发掘的永宁寺塔遗址，为方形，阶基长宽均38.2米，每面

嵩岳寺塔

九间，按九层估计，高近百米，当是中国历史上最高大的木结构建筑。另据记载，南北朝所建佛寺共达数千所，惜均已不存。南北朝时期遗留的唯一建筑实例，是砖构的登封嵩岳寺塔。

这时开凿的石窟甚多，如大同云冈石窟、太原天龙山石窟、天水麦积山石窟、磁县南北响堂山石窟等。这些石窟中，遗留下一些凿山而成的窟廊和窟内的中心塔柱，当是这一时期木构建筑的真实形象。石窟中浮雕的许多殿堂等建筑形象，也足以说明当时建筑的发展状况。值得强调的是，即使是塔这种特殊的佛教建筑，也并没有照搬印度形式，仍是用中国的固有建筑形式表现出来。南北朝时期接受外来影响最深刻而持久的是装饰图案的母题——莲花、卷草，从此以后历代相承不绝，且花样有所翻新。

太原天龙山石窟

隋唐五代　进入隋唐时期以后，中国古代木结构建筑才留存了实例，山西的南禅寺大殿和佛光寺大殿显露了唐代木结构殿堂的真面目。通过佛光寺大殿，可以判断自战国时期创始台榭建筑以来，创造出由斗、拱、枋组合成的"铺作"，进而创造出整体的铺作结构层，成为木构建筑发展成熟的标志。这是一种由井干楼、台榭、阁道、斗拱等构造形式融合发展而成的新形式。这种水平分层叠垒的形式，适宜建造大规模的或高层的建筑物。这种结构形式，至迟在初唐时已经成熟，而佛光寺大殿也许还不算水平最高的作品，这可以用大量的间接资料（如敦煌石窟壁画中的建筑画）来证明。后来宋《营造法式》中所记载的技术制度，如材份制、标准化等，从上述两个唐代实例中均能找到对应的做法。可以推断，这些技法在唐代或唐代以前均已创造并应用。

　　20世纪50年代以来数次发掘唐长安城，证明了有关唐长安城规划的记载，确认了城门、道路、坊、市的具体位置和尺度。准确地绘制出的唐长安城平面图，

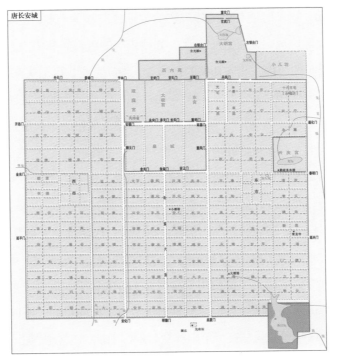

唐长安城平面示意图

是中国古代建筑史上第一幅具体的古代城市平面图。这些考古发掘也明确了长安城的部分宫殿（如大明宫、兴庆宫麟德殿）的位置、规模、布局，使唐代宫殿组群布局真相大白。

各地所存唐代砖石塔，如西安的大雁塔、小雁塔、兴教寺玄奘塔，登封会善寺净藏禅师塔，大理崇圣寺千寻塔等，数量很大，造型多样，可以分类研究。这种宗教性建筑不但完全改变了它在起源地的形式（窣堵波），而且实际上因其数量大，造型多，气势宏伟，已经成为中国的一种地区性的标志和中国名山胜景中不可或缺的风景建筑。

自南北朝开始改变席地而坐的习惯，唐代有越来越多的人使用桌椅，高坐要求增加室内高度，于是柱高增加了，出檐相对减小了，导致房屋外观立面比例的改变。同时使用帷幔遮蔽风雨的效果也随之减低，渐渐地普遍安装了门窗，并由此导致门窗上各种花格子的制作。

宋辽金元　这一时期存留的建筑实物数量越来越多。宋、辽均继承唐代建筑制度，而辽代建筑风格尤接近于唐代，如独乐寺的观音阁和山门，都保持唐代豪劲、朴实、典雅的风格。北宋初期的保国寺大殿和晋祠，已渐失豪劲而趋于秀丽。这可能是由于宋代用材较小，又将某些构件细部做成轻巧的形式所致。后来出现的如隆兴寺摩尼殿，则完全以秀丽取胜。这种建筑风格为金代所继承。到辽代还创造出一种新形式和新风格的塔砖，如北京天宁寺塔。

北宋末曾致力于总结前代建筑经验，汇编成《营造法式》一书。书中确立了材份制和各种标准规范，如铺作构造、结构形式、分槽形式，以及各种比例关系；如间椽比例，柱高、层高、总高比例等，在中国古代建筑学上有重大功绩。

金、元时期出现了两个特殊现象：一是使用了复合纵架，上承间缝梁架，如金代建的崇福寺弥陀殿；二是使用了与屋面平行的斜梁，拼合成梁架，如元代建的广胜寺下寺前殿和大殿。它们似乎是出于节省工料的目的，所以多用加工粗糙的圆料制作。这些现象只是在小范围和短时期内出现，并不普遍也未继续发展。

元代建筑形制，除上述情况外，大都可视为宋《营造法式》制度的延续。自

飞阁流丹

中国古代建筑类型

元代初期建造的永乐宫至末期建造的广胜寺明应王殿，同宋式建筑都无显著差异，只是昂嘴、耍头等装饰性部分略有不同。殿堂结构分槽原则同《营造法式》，而具体分槽中，对各种槽的形式比例则有更改。全部外观和各项比例如柱高、举高、间广都同《营造法式》，唯风格呆滞。元代在建筑方面还做了两件大事：一是作出大都城规划，为继唐长安城规划后的又一宏伟规划；二是尼泊尔青年匠师阿尼哥建成北京妙应寺白塔，从此中国佛塔中又增加了"喇嘛塔"这一形式。

明清 明清两代遗留的建筑实物随处可见，宏大、完整的建筑组群为数甚多。其中如北京故宫、明十三陵、孔庙（曲阜）、清东陵和西陵、承德避暑山庄外八庙等，都是有计划、分期建造的宏大宫苑陵庙。此外，还有各地方的衙署、寺庙、私人住宅和园林。

清代单体建筑实物大致与清工部《工程做法》的规定相符，同明清以前实物相比较，标准化、定型化的程度很高。具体差异可举出：斗拱变小，攒数增多，斗拱的结构功能小，装饰效果强，出檐减小，举架增高等。值得注意的是，明代洪武年间的建筑，尚与元代建筑相同或差别很小，而自永乐年间开始才显然呈现出上述特点。如洪武年间建造的大同南门城楼、太原崇善寺等，仍只用平身科两攒，而永乐年间建造的长陵祾恩殿，明间已为平身科八攒。两个相距仅约 40 年的建筑竟有大不相同的特点。

明清时代中国各少数民族（藏、蒙古、维吾尔）建筑均有相当发展，如西藏布达拉宫、新疆吐虎鲁克麻扎等。承德外八庙建筑则反映了汉藏建筑艺术的交流融合。

[二、中国古代建筑特征]

现存建筑实例最早不过唐代，唐代以前的建筑，只能从考古发掘出来的一些建筑遗址，以及各种艺术品（如绘画、雕刻等）所描摹的建筑形象等间接资料中

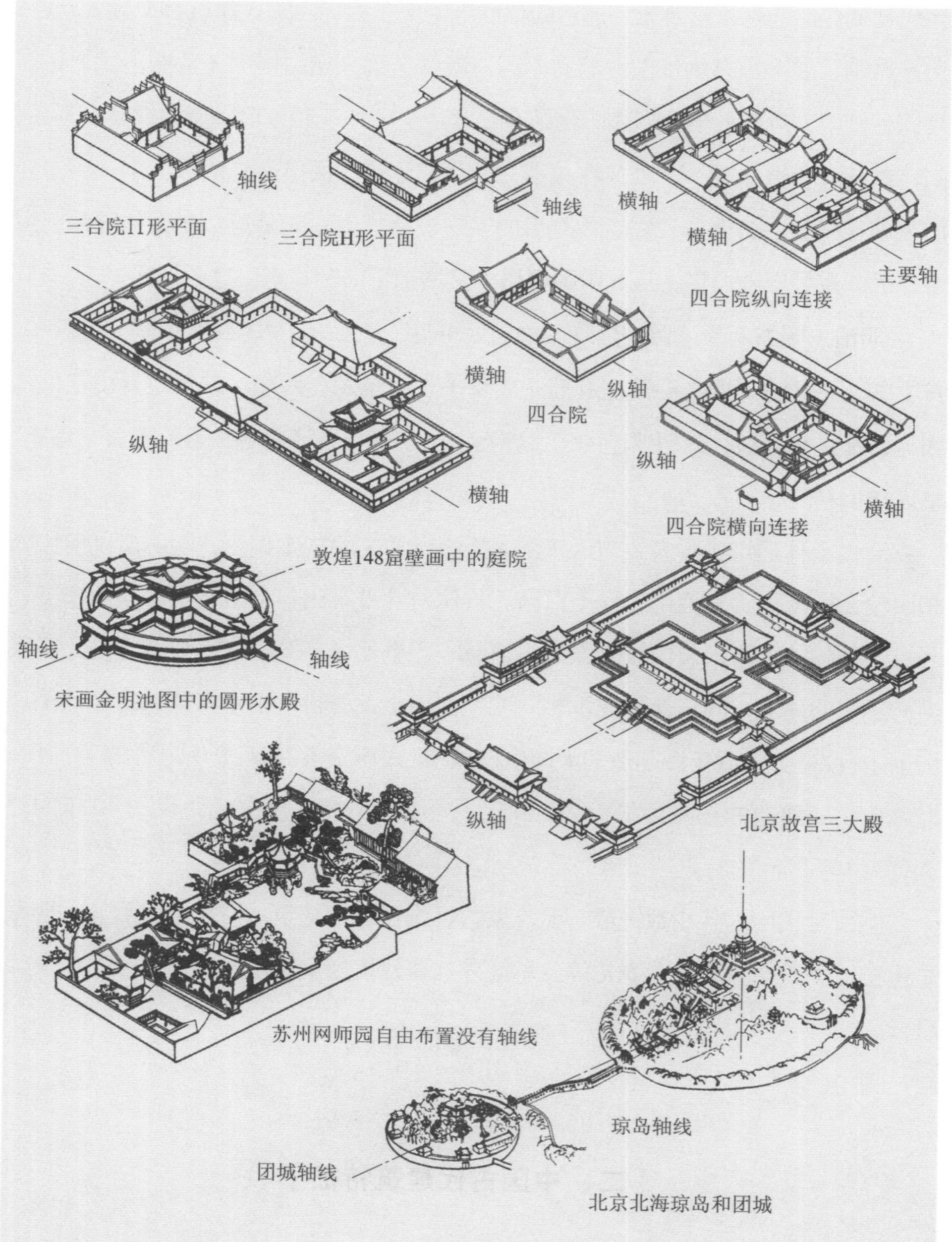

三合院Π形平面

轴线

三合院H形平面

轴线

横轴

横轴

主要轴

四合院纵向连接

纵轴

横轴

横轴

纵轴

四合院

横轴

纵轴

横轴

四合院横向连接

敦煌148窟壁画中的庭院

轴线

轴线

宋画金明池图中的圆形水殿

纵轴

北京故宫三大殿

苏州网师园自由布置没有轴线

琼岛轴线

团城轴线

北京北海琼岛和团城

中国古代建筑组群平面布局示例

知其大略。据此，中国建筑不同于西方建筑的独特之处，大致可以归纳为以下七项。

使用木材作为主要建筑材料　中国古代建筑在结构方面尽木材应用之能事，创造出独特的木结构形式，以此为骨架，既达到实际功能要求，同时又创造出优美的建筑形体，以及相应的建筑风格。

保持构架制原则　以立柱和纵横梁枋组合成各种形式的梁架，使建筑物上部荷载均经由梁架、立柱传递至基础。墙壁只起围护、分隔的作用，不承受荷载，所以门窗等的配置，不受墙壁承重能力的限制，有"墙倒屋不塌"之妙。

创造斗拱结构形式　纵横相叠的短木和斗形方木相叠而成的向外挑悬的斗拱，本是立柱和横梁间的过渡构件，逐渐发展成为上下层柱网之间或柱网和屋顶梁架之间的整体构造层，这是中国古代木结构构造的巧妙形式。自唐代以后，斗拱的尺寸日渐减小，但它的构件组合方式和比例基本没有改变。因此，建筑学界常用它作为判断建筑物年代的一项标志。

实行单体建筑标准化　中国古代的宫殿、寺庙、住宅等，往往是由若干单体建筑结合配置成组群。无论单体建筑规模大小，其外观轮廓均由阶基、屋身、屋顶（屋盖）三部分组成：下面是由砖石砌筑的阶基，承托着整座房屋；立在阶基上的是屋身，由木制柱额作骨架，其间安装门窗槅扇；上面是用木结构屋架造成的屋顶，做成柔和雅致的曲线，四周均伸展出屋身以外，上面覆盖着青灰瓦或琉璃瓦。西方人称誉中国建筑的屋顶是中国建筑的冠冕。

单体建筑的平面通常都是长方形，只是在有特殊用途的情况下，才采取方形、八角形、圆形等；而园林中观赏用的建筑，则可以采取扇形、"万"字形、套环形等。屋顶有庑殿、歇山、盝顶、悬山、硬山、攒尖等形式，每种形式又有单檐、重檐之分，进而又可组合成更多的形式。各种屋顶各有与之

佛光寺斗拱

相适应的结构形式。各种单体建筑的各部分乃至用料、构件尺寸、彩画都是标准化、定型化的，在应用上，要遵照礼制的规定。

宋《营造法式》中对各种单体建筑作了概括的原则的记述。清工部《工程做法则例》对官式建筑列举了 27 种范例，对应用上的等级差别、做工用料都作出具体规定。

这种定型化的建筑方法对汇集工匠经验、加快施工进度、节省建筑成本固然有显著作用，但后继者"遵制法祖"，则妨碍了建筑的创新。

重视建筑组群平面布局　中国古代建筑组群的布局原则是内向含蓄的，多层次的，力求均衡对称。一组建筑中的主要建筑物通常是主要人物的主要活动场所，这一点可以从形体、装饰、配属建筑等看出来。除特定的建筑物如城市中的城楼、钟鼓楼等外，单体建筑很少是露出全部轮廓，使人从远处就可以看到它的形象的。因此，中国建筑的完整形象必须从组群院落整体去认识。每一个建筑组群至少有一个庭院，大的建筑组群可由几个或几十个庭院组成，组合多样，层次丰富，也就弥补了单体建筑定型化的不足。

建筑组群的一般平面布局取左右对称的原则，房屋在四周，中心为庭院。大规模建筑组群平面布局更加注重中轴线的建立，组合形式均根据中轴线发展。甚至城市规划也依此原则，以全城气势最宏伟、规模最巨大的建筑组群作为全城中轴线上的主体。唯有园林的平面布局，采用自由变化的原则。

灵活安排空间布局　中国建筑的室内间隔可以用各种槅扇、门、罩、屏等便于安装、拆卸的活动构筑物，能任意划分，随时改变，使室内空间既能够满足屋主自己的生活习惯，又能够在特殊情况下（如在需举行盛大宴会时）迅速改变空间划分。建筑组群的室外空间——庭院，是与室内空间相互为用的统一体。有的庭院可以栽培树木花卉，叠山辟池，搭盖凉棚花架等，有的庭院还建有走廊，作为室内和室外空间的过渡，以增添生活情趣。

运用色彩装饰手段　木结构建筑的梁柱框架，需要在木材表面施加油漆等防腐措施，由此发展成中国特有的建筑油饰、彩画。至迟在西周已开始应用彩色来装饰建筑物，后世发展用青、绿、朱等矿物颜料绘成色彩绚丽的图案，增加建筑物的美感。以木材构成的装修构件，加上一点着色的浮雕装饰的平棊贴花和用木条拼镶成的各种菱花格子，便是实用兼装饰的杰作。北魏开始使用

琉璃屋顶

琉璃瓦，至明清时期琉璃制品的产量、品种大增，出现了更多的五彩缤纷的琉璃屋顶、牌坊、照壁等，使中国建筑灿烂多彩，晶莹辉煌。

中国古代建筑的典籍　中国古代在总结建筑实践经验的基础上，留下不少典籍。如《春秋左氏传》中关于筑城的记载："计丈数，揣高卑，度厚薄，仞沟洫，物土方，议远迩，量事期，计徒庸，虑财用，书糇粮，以令役于诸侯。"从设计到挖运土方，估计工期，征调人力，准备财用粮食等，都能有条理有次序地考虑到。但这类记叙并不在专门著作中，需要在浩如烟海的古籍中去发掘。

另一种典籍是各个时代政府管理部门为营建人员编修的"则例"性的官书。春秋战国时齐国人编撰的《考工记》，可认为是最早的"则例"。书中的《匠人》篇指出：匠人职司城市规划和宫室、宗庙、道路、沟洫等工程，并且记载了有关制度，也有各种尺度比例的规定。这使后人能粗略得知周代末叶以来的部分建筑技术制度。

秦汉至唐代没有"则例"之类的官书流传下来，不知是散佚，还是当时确无则例。唐代柳宗元曾写过一篇《梓人传》，最末一句是："梓人，盖古之审曲面势者，今谓之都料匠云。"古代营造技术以木工为主，"都料匠"应是从木工中分离出来的专业，职责是主持全部工程的设计，制定大木作"杖杆"，指挥、分配、调整各工种的工作，职责已经类似近代建筑师，由此可间接推断唐代的建筑技术应当有一定高度的理论水平。

北宋末期指定在"将作监"任职多年、建筑经验丰富的李诫编修《营造法式》，

这是继《考工记》之后，流传至今的第二部建筑专著。它虽然是一部则例性质的专书，但包含了很深的建筑学内容，成为研究中国唐宋时期建筑的重要典籍。从书中，后人才知道殿堂和厅堂是两种结构形式的名称；通过用现存实例相对照，才辨别出佛光寺大殿、独乐寺观音阁与奉国寺大殿、宝坻广济寺三大士殿是分属两类不同的结构形式，理解了当时的建筑是按结构分类的。此外，还有各种局部、构件的形式、尺寸、比例等的详细记录。

《营造法式》

元明两代没有留下建筑方面的官书。元代有木工技艺专著《梓人遗制》，惜已佚。明代万历年间出现了一部《鲁班经》，似为匠师自编的秘本，流传于木工、匠师间，是一本简要的房屋建筑技术手册，其中还包括各种日用家具的制作制度。这本书直至20世纪初，各地曾以各种形式增改刊印，对各地民间建筑（尤其在南方各地）影响深远。

清代前期编修了清工部《工程做法则例》74卷。这是一部典型的"则例"，其主要内容是详细列出27种建筑物所用的每个木构件的尺寸。人们从这些尺寸清单中，看出斗拱的尺寸比宋制小很多，宋代的材份制已不实用，而梁枋等受力构件截面的高宽比，已由唐宋时期的2：1或3：2改变成10：8。清工部《工程做法则例》和宋《营造法式》被认为是研究中国建筑的两部课本。

[三、中国古代建筑等级制度]

中国古代按建筑所有者的社会地位规定了建筑的规模和形制。这种制度至迟在周代已经出现，直至清末，延续了2000余年，是中国古代社会重要的典章制度之一。从汉代以来，朝廷都颁布法令作出规定，如唐代的《营缮令》。

历代的规定大致如下：

周代 王侯都城的大小、高度都有等级差别；堂的高度和面积，门的重数，宗庙的室数都逐级递降。只有天子、诸侯宫室的外门可建成城门状，天子宫室门外建一对阙，诸侯宫室门内可建一单阙；天子宫室的影壁建在门外，诸侯宫室的影壁建在门内；大夫、士只能用帘帷，不能建影壁。天子的宫室、宗庙可建重檐庑殿顶，柱用红色，斗拱、瓜柱上加彩画；诸侯、大夫、士只能建两坡屋顶，柱分别涂黑、青、黄色。

汉代 除宫殿有阙外，重要官署和官吏墓前也可建阙：皇帝用三重子母阙，诸侯用两重，一般官吏用单阙。皇帝宫殿前后殿相重，门前后相对，宫殿、陵墓可以四面开门。其他王公贵族的宅、墓只能两面开门。列侯和三公的大门允许宽三间，有内外门塾。

唐代 据《营缮令》资料，唐制仅宫殿可建有鸱尾的庑殿顶，用重拱藻井；五品以上官吏住宅正堂宽度不得超过五间，进深不得超过九架，可做成工字厅，建歇山顶；六品以下官吏至平民的住宅正堂只能宽三间，深四至五架，只可用悬山屋顶，不准加装饰。从其他史料得知唐代城门也有等级差别：都城每个城门开三个门洞，大州正门开两个门洞，县城开一个门洞。城中道路宽度也分级别。

宋代 营缮制度限制更严。除庑殿顶外，歇山顶也为宫殿、寺庙专用，官民住宅只能用悬山顶。木构架类型中，殿堂构架限用于宫殿、祠庙；衙署、官民住宅只能用厅堂构架。城市、衙署也有等级差别，国家特建祠庙也有定制，与一般有别。

明代 对亲王以下各级封爵和官民的第宅的规模、形制、装饰特点等都作了明确规定，并颁布禁令。公、侯至亲王正堂为七至十一间（后改为七间）、五品官以上的为五至七间，六品官以下至平民的为三间，进深也有限制。宫殿可用黄琉璃瓦，亲王府许用绿琉璃瓦。对油饰彩画和屋顶瓦兽也有等级规定。地方官署建筑也有等级差别，违者勒令改建。

清代 与明代大致相同：亲王府门五间，殿七间；郡王至镇国公府都是门三间，堂五间，但在门和堂的重数上有差别。

实施状况　唐代以来建筑等级制度是通过营缮法令和建筑法式相辅实施的。营缮法令规定衙署和第宅等建筑的规模和形制，建筑法式规定具体做法、工料定额等工程技术要求。财力不足者任其减等建造，僭越等即属犯法。《唐律》规定建舍违令者杖一百，并强迫拆改。因建筑逾制而致杀身之祸的，代不乏人。《春秋》中多处讽刺诸侯、大夫宫室逾制。汉代霍光墓地建三出阙，成为罪状之一。清和珅事败后，因其宅内建楠木装修和园内仿建圆明园蓬岛瑶台而被定为僭拟宫禁之罪。

在现存古建筑中，依然可见上述建筑等级制度的影响。北京大量四合院民居均为正房三间，黑漆大门；正房五间，是贵族府第；正房七间则是王府。江南和西北各城市传统住宅多涂黑漆。

影响　建筑等级制度对中国古代建筑的发展有很大影响。一方面，各级城市、衙署、寺庙、第宅建筑和建筑群组的层次分明、完美协调，城市布局的合理分区、次序井然，形成中国古代建筑的独特风格，建筑等级制度在其间起了很大作用。但另一方面，建筑等级制度也束缚了建筑的发展，成为新材料、新技术、新形式发展和推广的障碍。凡建筑上发明新的形制、技术、材料等，一旦为帝王宫室所采用，即成为禁脔。中国古代建筑在漫长的封建社会发展缓慢，建筑等级制度的限制也是一个原因。

第二章　中国古代建筑类型

［一、城池］

围绕城邑建造的一整套防御构筑物，以闭合的城墙为主体，包括城门、墩台、楼橹、壕隍等。也指边境的防御墙和大型屯兵堡寨。

发展简史　中国在新石器时代，一些部落为保护自己的居住地，已开始在聚落周围设置防御工事。半坡遗址和姜寨遗址聚落外部挖有壕沟，河南登封王城岗龙山文化中晚期遗址有两座 100 米 × 100 米的方形城堡。

商代出现了规模较大的围着城墙的都城和地方城邑。河南偃师商城、郑州

姜寨遗址聚落模型

商城、湖北黄陂盘龙城都是夯土城墙，但安阳殷墟只有壕沟而未发现城墙。

　　春秋战国是中国早期大规模建城的时期，春秋时期的曲阜鲁城、洛阳东周王城、秦雍城等的城墙厚度为 10 米左右。战国时期的齐临淄、燕下都、楚纪南城的城墙加厚到 20 米，夯层密实，有瓦质排水道。这些城的城门道深 20 余米，最深的达 80 米，纪南城还有水门。这个时期的文献《墨子》记述了城门、雉堞、城楼、角楼、敌楼的设置原则和建造方法。《考工记·匠人》记载了各级城道的规模和对城高的限制规定，但从上述各城遗址的情况看，当时各国竞筑高城，这些规定并未得到遵守。

　　汉代的边城在城门外出现了曲尺形护门墙，城角出现 45° 斜出墩台。魏晋南北朝国土分裂，战乱频仍，一些边城的城防设施逐渐应用于内地城邑。在统万城、洛阳金墉城中发展出突出城外的墩台——马面。徐州城、邺城等开始在夯土城墙外包砌砖壁。唐代城防设施开始制度化，在《通典·守拒法》和李筌《太白阴经》中都有关于筑城制度的记载。这时出现了羊马墙、转关桥、弩台等新的城防设施，在边城中还有瓮城。

瓮城

宋代加强城防建设，把唐代边城所用的瓮城等应用于都城。宋代编成的《武经总要》《修城法式条约》等官书，详载城、城门、瓮城、敌楼、团楼、战棚、弩台、钓桥、闸板、暗门等防御设施的制度和做法。南宋通过对金战争，丰富了筑城经验。陈规在《守城机要》中根据积极防御思想提出改进城防设施的意见。南宋中期创造出"万人敌"，为箭楼的前身。南宋末年对蒙古作战，由于火药的使用，为加强防御，城墙多用砖石包砌，城门也改为砖石券洞。

明初大事建造地方城邑，大部分城都用砖石包砌，沿用数千年之久的夯土城至此已大部为砖城代替，并在瓮城外创建箭楼和闸楼。明中叶大修长城和设防卫所，使城防设施更为完善。

城池形态　受战国时期的"周王城图"影响，城池绝大部分都做成方形或略长的方形，如秦咸阳城、汉长安城、三国时期的建康城、北魏的洛阳城、唐长安城、辽上京城、金中都、元大都、明清时期的北京城等。

此外，有在方形基础上的抹角、圆角等形态，也有圆形以及其他一些不规则的形态。有些城池分城建设，即一个城建设有两个或两个以上的城池，如洛阳旧城、西安旧城、兰州旧城等。还有些城建设有"关城"，即在全城的东西南北四个城门外另建小城，如明清时期的西安城。

城的主要组成部分分述如下。

城墙　古代称墉，墙体土筑，断面为梯形，其高宽比各代不同，唐宋边城的上底、下底、高之比为 1：2：4，都城为 2：3：2。墙体外侧加水平木椽若干层，防止崩塌，称纤木。南宋以后为防御炮火，墙身用砖石包砌的渐多，个别城墙还用糯米灰浆砌筑。城顶外侧砌垛口，内侧砌女墙。墙身每隔一定距离筑突出的马面，马面顶上建敌楼，城顶每隔十步建战棚。敌楼、战棚和城楼供守御和瞭望之用，统称"楼橹"。

城门　城楼下为夯土墩台，用木柱、木梁为骨架，构成平顶或梯形顶的城门道，台顶上建木构城楼，城楼一至三层，各代不同，居高临下，便于瞭望守御。火药用于战争以后，南宋后期城门道改用砖砌券洞。

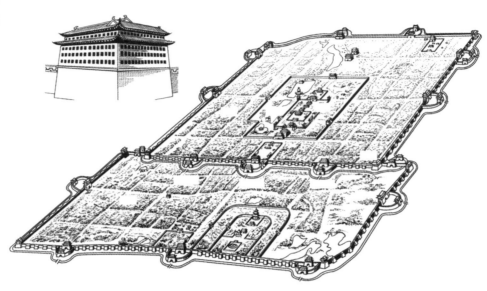

明代北京城

瓮城　围在城门外的小城，或圆或方，方的又称"方城"。瓮城高与大城同，城顶建战棚，瓮城门开在侧面，以便在大城、瓮城上从两个方向抵御攻打瓮城门之敌。正面的战棚在南宋时改为坚固的建筑，布置弓弩手，称为"万人敌"，到明代发展为多层的箭楼。瓮城门到明代又增设闸门，称为闸楼。

马面　向外突出的附城墩台，每隔约 60 步筑一座。相邻两马面间可组织交叉射击网，对付接近或攀登城墙的敌人。

敌楼和战棚、团楼　防守用的木构掩体。建在马面上的称敌楼，建在城墙上的称战棚，建在城角弧形墩台上的称团楼，构造相同，结构都是密排木柱，上为密梁平顶，向外三面装厚板，开箭窗，顶上铺厚三尺的土层以防炮石。到明代，敌楼发展为砖砌的坚固工事。

城壕　即护城河，无水的称隍。一般阔 2 丈，深 1 丈，距城 30 步左右。在城门处有桥。一端有轴，可以吊起的称"钓桥"；中间有轴，撤去横销可以翻转的称"转关桥"。有的在桥头建半圆形城堡，称"月城"。

羊马墙　城外沿城壕内岸建的小隔城，高 8 尺至 1 丈，上筑女墙。羊马墙内屯兵，和大城上的远射配合阻止敌人越壕攻城。

雁翅城　沿江沿海有码头的城邑，自城沿码头两侧至江边或海边筑的城墙，又称翼城。

金中都

中国金朝都城。在今北京市西南。天辅六年 (1122)，金与北宋联兵攻辽，金军陷辽南京析津府，按原订协议交归宋朝，宋改名为燕山府。不久金兵又侵宋占燕山府，改称燕京，先后设置枢密院和行台尚书省。金海陵王完颜亮天德三年 (1151) 四月，下诏自上京会宁府（今黑龙江阿城南白城子）迁都燕京，削上京之号。任命尚书右丞张浩、燕京留守刘筈、大名尹卢彦伦等负责燕京城的扩建与宫室的营造。张浩等役使民夫八十万、兵士四十万，就辽南京城的基础，在东南西面进行扩展，并新建宫城。工期迫促，盛暑疾疫流行，役夫深受其苦。贞元元年 (1153)，新都建成。海陵王正式迁都，改燕京为中都，府名大兴。同时又确定以汴京（今河南开封）为南京开封府，改中京（今内蒙古宁城西大名城）为北京大定府，加上西京大同府（今山西大同）和东京辽阳府（今辽宁辽阳），总为四京，以备巡幸，海陵王又将原居上京的宗室和女真猛安、谋克人户迁至中都，以便控制。金世宗完颜雍大定十三年 (1173)，复以会宁府为上京，遂为五京。

中都城周五千三百二十八丈（约三十五里余），方形，城门十三座。南面居中为丰宜门，右为景风，左为端礼；东为阳春、宣耀、施仁；西为丽泽、灏华、彰义；北濒金口河，有通玄、会城、崇智、光泰诸门。宫城在城中而稍偏西南，从丰宜门至通玄门的南北线上，南为宣阳门，北有拱辰门，东、西分别为宣华门、玉华门，前部为官衙，北部为宫殿。正殿为大安殿，北为仁政殿，东北为东宫，共有殿三十六座。此外还有众多的楼阁和园池名胜。当时人记载金中都"宫阙壮丽""工巧无遗力，所谓穷奢极侈者"。城的东北有琼华岛（今北京北海公园），建有离宫，以供皇帝游幸。

《卢沟运筏图》

为使中都繁荣，海陵王从张浩之请，凡四方之民，欲居中都者，免役十年。世宗时期，为了便利漕运，又利用金口河引永定河水，开凿东至通州的运粮河。但因为地势的落差甚大，无法控制水势，运河开成后，很快淤塞。不久，又将金口河填塞，以防永定河洪水泛滥，危及京城。金章宗完颜璟明昌三年 (1192)，建成了横跨永定河的卢沟石桥，以利南北交通。宣宗贞祐二年 (1214)，蒙古军围中都，宣宗南迁南京。次年，城陷，中都遭到破坏。

北京城

中国明清两代都城。建于明初（1421 年起），是在元大都的基础上改建和扩建而成的，清代沿用并有所增修。

明清北京城在规划思想、布局结构和建筑艺术上继承和发展了中国历代都城规划的传统，在中国城市建设历史上占有重要地位。

明朝 1368 年开国，建都南京；于洪武元年 (1368) 将元大都改称北平。明永乐元年 (1403) 决定升北平为都城，称北京。永乐四年动工，永乐十五年兴建宫殿，永乐十九年由南京迁都北京。建设过程中，共集中全国的匠户 2.7 万户，动用工匠 20 万～30 万人，征发民夫近百万。明亡后，清王朝仍建都北京。清初由于火灾和地震，宫殿很多被毁坏，北京现存宫殿大多是清代重修的，但其布局则尚存明代旧制。

明北京城包括内城和外城，内城的东西墙仍是元大都的城垣。洪武四年将元大都城内比较空旷的北部放弃，在原北城垣以南 5 千米处另筑新垣（即今德胜门、安定门一线）。永乐十七年又将南垣南移一里（即今正阳门、崇文门、宣武门一线），形成的内城东西长 6635 米、南北长 5350 米。到嘉靖年间 (1522～1566)，在内城南垣以外发展出大片居民区和市肆。为加强城防，修筑了外城墙，形成外城。外城东西长 7950 米，南北长 3100 米。原计划在内城东、西、北三面也修建外城墙，但限于财力，终明之世未能实现。清朝因同北方少数民族关系友好，无须再建外城。这样就使明清北京城的平面轮廓呈"凸"字形。北京城人口在明末已近百万，清代超过百万。

明北京城的规划贯穿礼制思想，继承了中国历代都城规划的传统。主要体现在：

功能分区　宫城（即紫禁城，今故宫）居全城中心位置，宫城外套筑皇城，皇城外套筑内城，构成三重城圈。宫城内采取传统的"前朝后寝"制度，布置着皇帝听政、居住的宫室和御花园。宫城南门前方两侧布置太庙和社稷坛，再往南为五府六部等官署。宫城北门外设内市，还布置一些为宫廷服务的手工业作坊。这种布置方式完全承袭了"左祖右社，面朝后市"的传统王城形制。

居住区分布在皇城四周。明代分为 37 坊，清代分为 10 坊。坊只是城市地域上的划分，不具里坊制的性质。居住区结构同大都城相仿，以胡同划分为长条形的住宅地段。内城多住官僚、贵族、地主和商人；外城多住一般

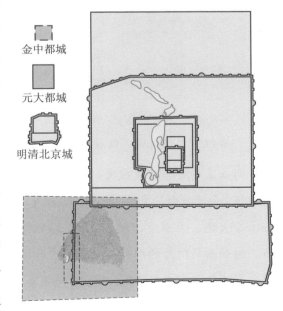

金中都城

元大都城

明清北京城

北京城址变迁示意

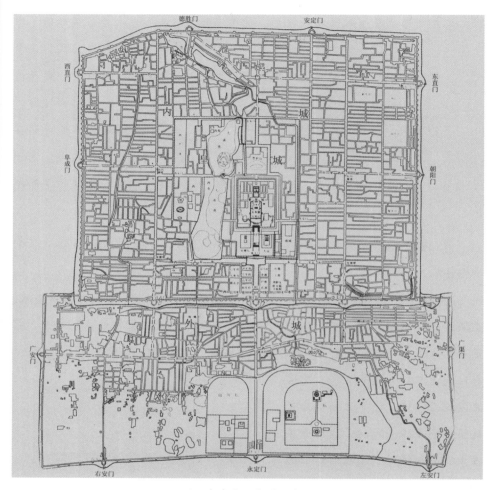

明北京城布局复原示意图

平民。清初满族住内城，汉族及其他民族多居外城。

商业区的分布密度较大。明代在东四牌楼和内城南正阳门外形成繁荣的商业区。由于行会的发展，同行业者相对集中，在现今北京街名中也有所反映，如米市大街、菜市口、磁器口等。城内有些地区形成集中交易或定期交易的市，例如东华门外的灯市在上元节前后开市10天。还有庙会形式的集市。清代定期的集市有五大庙会，外城有花市集、土地庙会，内城有白塔寺、护国寺、隆福寺庙会。此外还有固定的商业街，如西大市街。清代商品运输主要靠大运河，由城东通往通州的运河码头较便捷，因而仓库大多在东城。

　　建筑布局　运用中轴线的手法。这条轴线南端自永定门起，北端至鼓楼、钟楼止，全长 8 千米，是布局结构的骨干。皇帝所居的宫殿及其他重要建筑都沿着这条轴线布置。中轴线是一条笔直的大道，大道两侧布置了天坛和先农坛两组建筑群。从正阳门北向经过大清门（明朝原称大明门），即入"T"字形的宫前广场。广场南部收缩在东西两列千步廊之间，形成一条狭长的通道；广场北部向左右两翼展开。广场北面屹立着庄严宏伟的天安门，门前点缀着汉白玉的金水桥和华表。进天安门，经过端门、午门和太和门即为六座大殿（清代重修的太和殿、中和殿、保和殿前三殿和乾清宫、交泰殿、坤宁宫后三殿），这六座形式不同的宫殿建筑和格局各异的庭院结合在一起，占据中轴线上最重要部位。在紫禁城正北，矗立着近 50 米高的景山，是全城的制高点。在景山北，经过皇城的北门——地安门，抵达中轴线的终点——鼓楼和钟楼。北京城的整个建筑布局在中轴线上重点突出，主次分明，整齐严谨，端庄宏伟。

　　道路系统　明清北京城在元大都的基础上扩建，形成方格式（棋盘式）道路网，街道走向大都为正南北、正东西。内城主要干道是宫城前至永定门的大街和宫城通往内城各城门的大街。外城有崇文门外大街、宣武门外大街以及连接这两条大街的横街。由于皇城居中，所以内城分成东西两部分，东西向交通受到一些阻隔，方格式路网中出现不少丁字街。

　　园林配置　明代主要宫苑如紫禁城以西的西苑，是利用金元时期以太液池（今北海和中海）和琼华岛为中心的离宫旧址扩建而成。明初还在太液池南端开凿了南海。清代继续扩建以三海（北海、中海、南海）为中心的宫苑，大片的园林水面和严谨的建筑布局巧妙结合，堪称杰作，直至今日仍是北京城市中心地区园林绿化的基础。清代还在西北郊兴建大批宫苑，包括圆明园、长春园、万春园、静明园、静宜园、清漪园（后称颐和园）等。这些宫苑各具特色，形成环境优美的风景地带。清代内城许多贵族府第还有私家园林。

给水排水　城市一般居民饮水主要靠人工凿井，在几条胡同之间有一两口水井。元代开辟了西北郊白浮泉新水源，又把玉泉山的泉水引入大都城内，为宫廷和园林（以及大运河）供水。至明代，因渠道失修，白浮泉断流，城市水源枯竭，只靠玉泉山泉水流经瓮山泊注入城内积水潭，其中一支流入太液池。到清代开拓瓮山泊成为昆明湖，增加了济漕和园林的水源。

明清北京城的排水系统也是在元大都的基础上发展起来的。紫禁城内的排水沟渠自成独立系统，除地下暗沟外，还有明渠——内金水河。护城壕不但有防御作用，而且还是城内供水和排洪泄污的明渠。德胜门外西水关是从护城壕引水入关的上游，前三门外的护城壕则是城内主要沟渠排水泄污的下游。城内主要沟渠有大明壕、东沟、西沟以及东长安街御河桥下沟等。这些沟渠都顺地势，自北向南流去。外城有龙须沟、虎坊桥明沟和正阳门东南三里河等沟渠，都起着排泄前三门护城壕余涨的作用，实际上是内城排水系统的一部分。

［二、市］

中国古代集中进行商业活动的场所，又称市井。春秋时已有集中的市场。《周礼》记述，市场中有大市，是拥有作坊和雄厚资财的"百族"的经商地段；有朝市，是一般坐商的地段；有夕市，是小商贩的地段。市中设肆，呈整齐的行列式布局，各类货物陈列在肆中出售。储存货物的仓库，古称店。市的周围有围墙，古称阛；设市门，古称阓。市中心设市楼，开市升旗，故市楼又名旗亭。西汉至唐代，市的形式没有多大的变化。《三辅黄图》记载汉长安有九市，四川广汉出土的汉代市井画像砖中刻有"市东门""市楼"和散摊交易形象，新繁出土的汉市井画像砖中刻有十字大道，中心有两层的市楼。据考古发掘和《长安志图》描绘，唐长安城东、西市，为"井"字形大道分隔，四街八门，中心是市署。市中除设置各类商店外，还有酒馆、旅邸。除封闭的市，还有不设市墙、肆屋的"会市"。在人烟稀少的南方村庄中，有"墟"市、草市，也有常驻的肆店，定期集会交易。

唐代中期以后，商业繁盛地方出现了夜市。北宋中期以后，封闭式的市场改成商业街。有些种类的商肆，集中于某条街上，有时又称某市，如盐市、米市。宋代以后的市还有两种特殊形式：庙会和榷场。庙会定期在寺观中举行，如宋代汴梁的大相国寺庙会、清代北京的隆福寺庙会、苏州的玄妙观庙会等。榷场是宋代与辽、金交易的由国家控制的外贸专卖市场，设于国境交界处，唐代则称互市。

[三、里坊]

中国古代居民聚居之处，也是居住区规划的基本单位。又称闾里、坊。自周代至唐，里的平面一般呈方形或矩形，围以墙，设门出入，里内排列居民住宅，夜间街道实行宵禁。

"里"字从田从土，表明起初是依附于农田的。城市出现以后，农村中聚居形式——"里"转移到城市中，成为城市居民聚居的形式。

在中国古代，至迟到春秋战国时期，里坊制城市已经形成，西汉至唐是它的鼎盛时期。城市中的里排列整齐，一个里的范围也越来越大。西汉长安城有160闾里，分布在城的北部和长乐、未央两宫之间。闾里间街道平直，房屋整齐。东汉洛阳城按24街布置闾里。三国时魏、蜀、吴三都均有闾里。曹魏邺城在城东专设"戚里"一区，供高官贵族居住。北魏景明二年 (501) 在京师洛阳城筑里323个，每里300步见方。隋唐时改称城内之里为坊，而称郊区的区划单位为里。隋唐长安城有110坊。据考古勘测，大坊面积为600米×1100米，小坊面积为520米×510米，比汉魏里坊大得多。坊内辟十字街或横街，街宽15～20米，以街为干道布置巷曲。大寺院、大宅第直接临大道开门，一般住宅居民出入仍须通过坊门。唐代中叶以后，由于经济的发展，在商业发达的城市（如扬州），旧的市制逐渐瓦解，打破了城市中市和坊分开的体制，出现了沿街修建商店、旅舍和住宅的城市商业街道。晚唐时，长安城的里坊内开始设有酒肆、商店、酒楼、妓院。五代后周建都开封府时整修街道，已经是临街布店。北宋中叶以后，取消了城市宵禁制度，陆续拆除坊墙，延续已久的封闭式里坊制至此结束，演变成在横列的巷道排列住宅的居住区形式。此后，为了管理，城市中仍把若干街巷划为一个区域，也沿用坊的名称，如北宋末开封城分 121 坊，南宋后期平江府有 65 坊，元大都有 50 坊，明北京城有 36 坊，但这种坊只是城市管理的行政区划，不再是封闭的旧制里坊。

开封城

中国五代的后梁、后晋、后汉、后周四朝的都城，正式名称为"东京开封府"，又称汴京，北宋相沿。春秋时郑庄公命郑邴在此筑城，名开封，取开拓封疆之意。战国时魏国在此建都，名大梁，简称梁；因城跨汴河，唐时称汴州；后世合称汴梁。开封位于黄河中游平原，处在隋代大运河的中枢地区，黄河、汴河、蔡河、五丈河均可行船，水陆交通甚为便利。

汴京北宋时为全国政治、经济和文化的中心。北宋的东京城，在唐汴州城及后周东京开封府的基础上，进行了大规模的改建和扩建。共有外城、内城及皇城三重。外城又称"新城"或"罗城"，为周显德三年 (956) 所筑，城周长四十八里多。宋真宗赵恒、宋神宗赵顼重修，宋徽宗政和六年 (1116) 更展筑城垣南部，周围五十里一百六十五步，呈菱形，南北长而东西略窄。内城又名"里城"或"旧城"。其始筑年代不详，唐德宗时宣武军节度使李勉重建，周世宗曾加营缮。内城位于外城中央，略偏西北。

后周开封规划 隋唐以来，开封即为商业、手工业和交通运输的中心，五代时又在此建都，城市原有基础已不能适应社会经济发展的需要。后周显德二年（955），世宗柴荣下诏扩建和改建开封。诏书言及当时开封存在的城市问题，如用地不足、道路狭窄、排水不畅等。提出了扩建、改建的要求：

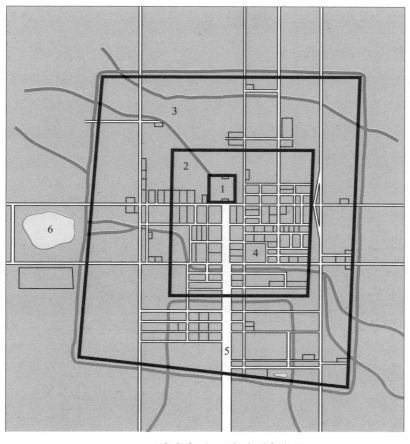

北宋东京（开封）复原想象图

1.宫城 2.内城 3.罗城 4.大相国寺 5.御街 6.金明池

扩大城市用地，加筑罗城（外城）；展宽道路，疏浚河道；规定有烟尘污染的"草市"等必须迁往城外等。诏书还制定了实施步骤：先行勘测，由官府统一规划；定好街巷和军营、仓场、诸司公廨院的位置后，才"任百姓营造"。依据诏书，开封进行了有计划的扩建和改建，为后来北宋的建设奠定了基础。

三重城墙的都城模式   自后周开始扩建以后，开封即有三重城墙：罗城、内城、宫城，每重城墙外都环有护城河。罗城又称新城，主要作防御之用，周长19千米。西、南城各有五门，东、北各四门，均包括水门。城门皆设瓮城，

《清明上河图》局部

上建城楼和敌楼。内城又称旧城，周长9千米，四面各三门；主要布置衙署、寺观、府第、民居、商店、作坊等。宫城又称"大内"，南面有三门。其余各面各有一门，四角建角楼，城中建宫殿，为皇室所居。这种宫城居中的三重城墙的格局，基本上为金、元、明、清的都城所沿袭。

　　街巷制　北宋时期商业和手工业的发展，使当时开封出现了"工商外至，络绎无穷"的局面。隋唐长安城集中设市和封闭式里坊已不能适应新的社会经济形势，因而开封改变了用围墙包绕里坊和市场的旧制，将内城划分为8厢121坊，外城划分为9厢14坊。道路系统呈"井"字形方格网，街巷间距较密。住宅、店铺、作坊均临街混杂而建。繁华的商业区位于可通漕运的城东南区，通往辽、金的城东北区和通往洛阳的城西区。如宋代张择端《清明上河图》中所反映，主要街道人烟稠密，屋舍鳞次，有不少二至三层的酒楼、店肆等建筑。中国古代城市的街巷制布局，大体自北宋开始而沿袭下来。开

封城内河道、桥梁较多，最著名的州桥、虹桥，均跨汴河。州桥正对御街和大内，两旁楼观耸立。虹桥在东水门外，势若飞虹。相国寺、樊楼、铁塔、繁塔、延庆观、金明池、艮岳等建筑和御苑，构成丰富的城市景观。北宋开封城的规划和建设，反映了封建社会商品经济的发展，在中国古代都城规划史上起着承前启后的作用。

[四、庄园]

中国古代包括有住所、园林和农田的建筑组群。因庄园主的地位不同而有不同的名称。属于皇室的为皇庄，有苑、宫庄、王庄等名称；属于贵族、官吏、地主的为私庄，有墅、别墅、别业、别庄等名称；属于寺庙的称常住庄。

庄园主往往占有大片良田沃土和山川名胜，园内一般有住宅、农田、果蔬园、林牧场、鱼塘、农副业作坊以及供游赏的园林等。中国封建社会前期，大面积经营的庄园较为盛行，如南朝谢灵运在会稽的庄园。唐代以后，以园林为重点的别墅有很大发展，这些园林对造园艺术的发展有深刻影响。

囿

中国古代供帝王贵族进行狩猎、游乐的一种园林形式。通常在选定地域后划出范围，或筑界垣。狩猎既是游乐活动，也是一种军事训练方式。囿中草木鸟兽自然滋生繁育，天然植被和鸟兽的活动，赏心悦目，给人以美的享受。有文字记载的最早的囿是周文王的灵囿（约前11世纪）。《诗经·大雅》灵台篇记有灵囿的经营，以及对囿的描述，"王在灵囿，麀鹿攸伏。麀鹿濯濯，白鸟翯翯。王在灵沼，於牣鱼跃"。灵囿除了筑台掘沼为人工设施外，全为自然景物。秦汉以来，绝少单独建囿，大都在规模较大的宫苑中辟有供狩猎游乐的部分，或在宫苑中建有驯养兽类以供赏玩的建筑和场地，称兽圈或囿。

苑

中国秦汉以来在囿的基础上发展起来的、建有宫室的一种园林，又称宫苑。大的苑广袤百里，拥有囿的传统内容，有天然植被，有野生或畜养的飞禽走兽，供帝王射猎行乐。此外，还建有供帝王居住、游乐、宴饮用的宫室建筑群。小的苑筑在宫中，只供居住、游乐，如汉建章宫的太液池、三神山，可称为内苑。历代帝王不仅在都城内建有宫苑，在郊外和其他地方也建有离宫别苑。有的有朝贺和处理政事的宫殿，也称为行宫。著名的宫苑，汉有上林苑、建章宫，南北朝有华林苑、龙腾苑，隋有西苑，唐有兴庆宫、大明宫和九成宫，北宋有艮岳，明有西苑——发展为现今的三海（北海、中海、南海），清有圆明园、清漪园（后扩建为颐和园）和避暑山庄等。

[五、坞壁]

具有围墙的防御建筑。又称坞、营坞或坞候、坞堡、壁垒等。中国汉武帝刘彻为防御匈奴，在北方及西北边塞上筑有大量坞壁。甘肃居延等处出土的汉简中有许多有关坞壁的记载，其中有年代可考的，最早为宣帝五凤二年（前56）。从这些记载看，边塞的坞壁是一种比城、障小的防御工事，筑在亭、隧的外围。有时分为内坞与外坞，均有出入口，置门户，有卒把守。坞内有屯兵和居民的房舍。坞上并可举烽。

东汉时，为守御匈奴、乌桓和西羌，继续在边塞乃至冯翊（今陕西高陵）、扶风（今陕西兴平东南）、魏郡（今河北临漳西南）、赵国（今河北邯郸）、常山（今河北元氏西北）、中山（今河北定州）等内郡缮作坞候，最多曾达616所。与此同时，地方豪强也仿照边塞坞壁的形式营建自己的庄院，作为控制农民和对抗外来势力的政治、军事和经济据点。东汉初年的战乱中，清河（今河北清河东南）大姓赵纲就曾在县界起坞壁，缮甲兵。此后，随着豪强地方势力的发展，这种地主坞壁

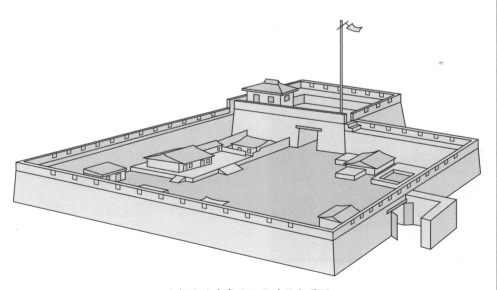

甘肃居延破城子汉代坞堡复原图

越来越流行。从东汉墓葬中的壁画、画像砖和陪葬明器看，这种地主坞壁建筑呈城堡式。周围为高墙，门上有门楼，四角有角楼，坞中还有高层的楼橹建筑，门楼、角楼和楼橹乃至墙垣高处开有瞭望孔或射孔。坞内有坞主居所、卫士和奴婢、仆隶、乐队等的居处，还有仓廪、手工业作坊等，显示了大地主田庄力求独立自主和自给自足的特点。汉末黄巾起义后，豪族地主为镇压人民，乘时率勒宗族、宾客、徒附，组织部曲、家兵，修坞筑堡，跨州连郡。既镇压起义农民，也相互争权夺势，坞壁成了公开的地方武装割据的据点。

魏晋南北朝时期的坞壁，多择既有山林险阻，又可进行农耕的宜守宜农之地筑置。常以宗族与乡里作为团聚的纽带，世家大族或地方豪强自为坞主，或称宗主。被坞主控制的宗人、乡亲实际上是坞主的私人部曲。此外，也有流民集结建成坞壁，坞主一般是由流民公推有才能或宗族势力相对强大者充任。流民坞壁中坞主与其下的流民在初期尚无明确的依附关系，时间一长也逐渐形成主从关系。

坞壁具有分裂割据的性质。但在不同地区和不同历史时期，坞壁的作用也各有不同。两汉时期在西北和北方边塞修筑的坞壁，具有防御西北和北方匈奴、乌桓的作用。东汉末年黄巾起义后所组成的坞壁，具有明显的抗拒农民起义的性质。两晋之际所组成的坞壁，则有防暴避乱、抗拒北方少数民族进扰中原的功能。而南朝侯景之乱后出现的"郡邑岩穴之长，村屯坞壁之豪"，却以打家劫舍、缚卖居民为业，是破坏社会秩序的恶势力。此外，战乱时期出现的坞壁，多数且耕且战，自保自存，在一定程度上起到了组织和维护生产，使宗亲或流民免遭劫掠杀戮的作用。

坞壁主要盛行于北方地区。十六国和北魏的统治者，为了维持他们在各地的统

采桑与坞壁（甘肃省酒泉市丁家闸五号墓壁画）

治，往往按坞主的实力大小，分别给予县令、太守、刺史等官职，大大小小的坞壁又成为各级地方政权机构的治所。北魏前期，推行宗主督护制，更全面地承认了宗主们及其控制下的大小坞壁的合法地位。魏孝文帝元宏推行三长制，三长代替了宗主；邻、里、党等地方基层组织也取代了大、小坞壁组织。虽然如此，地方豪强势力和他们借以割据的坞壁并未消失，社会一有动荡，结坞自保的情况也会出现。但是，随着隋、唐王朝的统一，中央权力日益增强，中原地区的坞壁组织也就逐步走向衰落。

三长制

中国北魏后期的基层政权组织。魏道武帝拓跋珪建立北魏政权时，各地宗族坞堡林立。北魏朝廷利用各地"宗主督护"地方，实行宗主督护之制。魏孝文帝改革时，为加强中央政府对人民的实际控制，采纳给事中李冲建议，于太和十年 (486) 建立三长制，以取代宗主督护制。三长制规定：五家为邻，设一邻长；五邻为里，设一里长；五里为党，设一党长。三长制与均田制相辅而行，三长的职责是检查户口，征收租调，征发兵役与徭役。实行三长制，三长直属州郡，原荫附于豪强的荫户也将成为国家的编户，因而必将与豪强地主争夺户口和劳动力。李冲提出实行三长制的建议后，在朝廷中引起激烈争论。坚持宗主利益的中书令郑羲和秘书令高祐是反对派代表。冯太后从加强中央集权出发，认为实行三长制既可使征收租调有根据和准则，又可清查出大量的隐匿户口。三长制终于在冯太后的支持下实施。三长制的建立，打破了豪强荫庇户口的合法性。在实行的过程中，三长还是从大族豪强中产生，他们不仅本人可以享受免于征戍的特权，而且亲属中也有一至三人可以得到同样待遇。较之宗主督护制，它是一种历史的进步。实行后，国家直接控制的自耕农民大量增加，国家赋税收入相应增加，人民赋税负担也有所减轻。北魏后期社会经济明显的恢复和发展，与此有密切关系。北魏的三长制后来成为北齐、隋、唐时期乡里组织的基础。

［六、宫殿］

　　宫在秦以前是中国居住建筑的通用名，从王侯到平民的居所都可称宫。秦汉以后，成为皇帝居所的专用名。殿原指大房屋，汉以后也成为帝王居所中重要建筑的专用名。此后的宫殿一词习惯上指秦以前王侯居所和秦以后皇帝的居所。首都的主要宫殿是国家的权力中心，外有宫城，驻军防守。宫城内包括礼仪行政部分和皇帝居住部分，称前朝、后寝或外朝、内廷，此外，还有仓库和生活服务设施。

　　宫殿常是国中最宏大、最豪华的建筑群，以建筑艺术手段烘托出皇权至高无上的威势。从遗址和实物看，自春秋至唐代，宫城大多在都城中。宫城的一边或两边靠近城墙；有的则在都城外，附着一边城墙或一个城角；甚至有分建两城的。实例有临淄齐国故城、郑韩故城、邯郸赵国故城、西汉长安城、东汉和北魏洛阳城、曹魏邺城、隋唐长安城和洛阳城等宫城或宫殿区。从北宋起，北宋开封城、金中都、元大都、明中都、明清北京城，宫城处在都城之中，四面为城区所包围。

　　自春秋至汉代，都城内多不止一座宫殿，宫殿之间为居民区。自曹魏

飞阁流丹

中国古代建筑类型

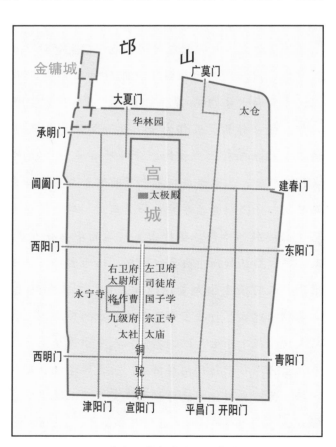

北魏洛阳城宫城位置示意图

邺城起，宫殿集中于都城北部，与居民区隔开，宫前干道两侧布置衙署，形成都城的南北轴线。至唐长安城，发展成宫城在全城中轴线上，后宋汴梁城、元大都城、明清北京城继承了这种格局。

自商迄清，历代宫殿或有文献记载，或有遗址，或有实物留存，其形制和沿革关系大致可考。

殷商宫殿　河南偃师二里头遗址，是一组廊庑环绕的院落式建筑，有人推测它是夏和早商宫殿。郑州商城内发掘出的几处较大建筑遗址，有人认为是商代中期的宫殿遗址。河南安阳殷墟公认是商代后期的宫殿遗址。这些宫殿都是在夯土基中埋木柱，屋顶未用瓦。后世宫室一直沿用的院落式布局，在此已见端倪。

西周和春秋战国宫殿　西周宫殿遗址迄今未发现。据战国时《考工记》记述，周代宫殿分前朝、后寝两部分，有外朝、内朝、燕朝三朝（又称大朝、日朝、常朝）和皋门、应门、路门三门。外朝在宫城正门应门前，门外有阙。内朝在宫内应门、路门之间，路门内为寝，分王寝和后寝。王的正寝即路寝，前面的庭即燕朝。《考工记》所载宫室制度在汉代宫殿中并无反映，但对汉以后各代的宫室却有极大影响。这些宫室大都依此布局严格区分为外朝和内廷两部分，并有明确的中轴线。而《考工记》中所述的三门后扩大为五门，故以后各代宫殿外朝部分都是"三朝五门"。

从已经发现的春秋战国时代的宫殿遗址得知，通常是在高七八米至十余米的阶梯形夯土台上逐层构筑木构架殿宇，形成建筑群，外有围墙和门。这种高台建筑既有利于防卫和观察周围动静，又可显示权力的威严。影响所及，秦汉大型宫殿也多是高台建筑。如山西侯马平望古城、河北易县燕下都遗址、邯郸赵国故城、山东临淄齐国故城等，都有这种宫殿遗址。其中邯郸赵国宫殿遗址有一条明显的南北轴线。陕西咸阳市东郊曾发掘出秦都咸阳的一座宫殿遗址，它位于渭水北岸高地上，即史书所说的"咸阳北阪"上。这一带宫殿遗址密集，沿林水高地向东延伸。已挖掘的一处夯土台残高约6米，面积为45米×60米，推测原是一座依夯土墩台而建的高台建筑，其中包括殿堂、过厅、回廊、居室、浴室、仓库等。

室内还有火炕、壁炉和供贮存食物用的地窖，台面有较完善的排水设施。但它只是宫中一所次要宫殿，咸阳宫的总体布局还不清楚。

秦汉宫殿 秦统一中国后，建造了大批宫殿。据《史记》所载，共计关（指函谷关）内300处，关外400处。关中平原和咸阳周围主要的宫殿有：咸阳旧宫，渭水北阪上仿六国宫室的一连串殿宇，咸阳旧宫以南隔渭水在上林苑中建造的信宫（始皇帝二十七年亦曰咸阳宫，后称极庙，以象天极，是正朝所在，为各处宫殿的中心），骊山北麓为太后所居的甘泉宫，咸阳旧宫北面"北陵"上新建的北宫等。这些宫殿和周围200里内270所宫观之间，有阁道或甬道相连。后来，又在渭水南另营宏伟的朝宫，别称阿房宫，作为主要朝会之所，但未完成秦已亡。

西汉初期利用秦朝残留的离宫——兴乐宫修筑成长乐宫，随后又在其西面建未央宫。长乐宫作为正式宫殿，以供太后居住。文帝、景帝时期增辟北宫供太子居住。武帝时，在城内北部兴建桂宫、明光宫，并在城西上林苑内营造建章宫。每殿自成一区。各宫占地大而建筑物布局稀疏，不像明清所建那样密集、严谨。未央宫面积约5平方千米，前殿居中，宫门设阙，以北阙为正门，北对横门大街。前殿基址是南北约350米、东西约200米的夯土墩台，仍属高台建筑。汉代的前殿进行大朝会，以东、西厢作为日常视事之所。王莽时改未央宫前殿为王路堂，比附《考工记》所载的路寝。建章宫是离宫，是宫与苑结合，兼有朝会、居住、游乐、观赏等多种功能的新宫殿类型。

东汉建都洛阳，先营南宫，后增建北宫，两宫中隔市区，用三条阁道相连，宫中各有前殿。汉末桓帝、灵帝时又增筑东、西宫。

秦汉各宫，由于记载简略，遗址未经探掘，至今未能了解其布局特点。

魏晋南北朝宫殿 魏晋时宫殿集中于一区，与城市区分明确。曹魏邺城和孙吴建康城宫殿都集中于城北，宫前道路两侧布置官署。两晋、南北朝宫殿大体相沿，其前殿受汉代东、西厢建筑的影响，以主殿太极殿为大朝会之用，两侧建东、西堂，处理日常政务。从南朝建康起，各代宫城基本呈南北长的矩形，有中轴线，南面开三门，隋、唐、北宋、金、元的宫城均如此，至明代又改为南面一门。

隋唐宫殿　隋代营大兴城，于宫城前创建皇城，集中官署于内。宫内前朝一反汉至南北朝正殿与东西堂并列，即大朝与常朝横列的布置。追绍《周礼》古意，比附三朝五门南北纵列的布置方式，在中轴线上，于宫南正门内建太极、两仪两组宫殿。唐承隋制，仅改殿门的名称。唐长安大内以宫城正门承天门为外朝，元旦、冬至举行大朝会，颁布政令、大赦、外国使者来朝等，均在此举行。门内中轴线上建太极、两仪两组宫殿，前者为定期视事的日朝（又称"正衙"），后者为日常视事的常朝（又称"内衙"）。五门依次是：承天门、嘉德门、太极门、朱明门、两仪门。这种门殿纵列的制度为宋、明、清各朝所因袭，是中国封建社会中、后期宫殿布局的典型方式。

　　唐高宗时在长安城东北外侧御苑内建大明宫。前部中轴线上建三组宫殿，以含元殿为大朝，宣政殿为日朝，紫宸殿为常朝。内廷殿宇则自由布置，并和太液池、蓬莱山的风景区结合，这是汉、魏以来宫与苑结合的传统布局。隋唐两代，离宫也很兴盛，重要的有麟游仁寿宫（唐改为九成宫）、终南山太和宫（唐改为翠微宫）、唐时的华清宫等。在赴离宫的沿途又建有大量行宫。

　　宋金元宫殿　北宋汴京宫殿是在原汴州府治的基础上改建而成。宫城面积仅及唐大明宫的十分之一左右，官府衙署大部分在宫城外同居民住宅杂处，苑囿也散布城外。宫廷前朝部分仍有三朝，但受面积限制，不能像唐大明宫那样前后建三殿。其宫城正门为宣德门，门内为主殿大庆殿，供朝会大典使用，相当于大朝。其后稍偏西为紫宸殿，是日朝。大庆殿之西有文德殿，也为"正衙"。其后有垂拱殿，是常朝。三朝不在一条轴线上。北宋宫殿气局虽小，但绚丽华美超过唐代。为了弥补宫前场面局促的缺陷，宣德楼前向南开辟宽阔的大街，街两侧设御廊，街中以杈子（栅栏）和水渠将路面隔成三股道，中间为皇帝御道，两侧可通行人。渠旁植花木，形成宏丽的宫城前导部分，也是金、元、明、清宫前千步廊的滥觞。

　　金中都（位于明北京城西南）宫殿因袭北宋规制，但中轴线上建筑分皇帝正位和皇后正位两大组，由于广泛使用青绿琉璃瓦和汉白玉石，建筑风采绚丽。元大都宫殿在都城南部，分三部分：大内宫城是朝廷所在，在全城中轴线上；宫城之西有太后所居的隆福宫和太子所居的兴圣宫；宫城以北是御苑。宫内继承金中都宫殿在中轴线上建大明殿、延春阁两组，为皇帝、皇后正位。其他殿宇也有特色：如在传统汉式殿宇内用毛皮或丝织品作壁障、地衣，不显露墙面、地面和木构架，保持了游牧民族毡包生活习尚；琉璃瓦当时已发展成黄、绿、青、白等多种色彩，又喜用红地金龙装饰；还有畏吾儿殿、棕毛殿和砖石结构建筑，显示了汉、藏、中亚等多民族建筑元素的影响。

明清宫殿　明代曾在三处建造皇宫：南京、中都凤阳府和北京。南京宫殿始建于元末（1366），宫城在旧城外东北侧钟山西趾的南麓下，填燕雀湖而建，地势有前高后低之弊，但北倚钟山，南临平野，且与旧城区分明确，互不干扰，也无官署与民居杂乱交混的弊病。皇城正门称洪武门，门内御道两侧为中央各部和五军都督府，御道北端有外五龙桥，过桥经承天门、端门，到达宫城正门午门。宫内中轴线上前后建两组宫殿，前为奉天、华盖、谨身三殿，是外朝主殿；后为乾清、坤宁两宫，是内廷主殿。左右有东西六宫。这种在中轴线上前后建两组宫殿的布置与金中都、元大都宫殿相同，但它又以

北京宫城图（明）

飞阁流丹　中国古代建筑类型

外朝三殿比附三朝，以洪武门至奉天殿前的五座门比附五门。明代三朝与唐、宋时期每朝各为一所独立的宫院不同，只是在一所宫院中前后连建三座殿而已。明南京宫殿今只存午门和东、西华门的基座。

明北京宫殿建于永乐十五年至十八年（1417～1420），清代时虽屡加改建、重建，但基本格局未变，迄今尚有许多殿宇属于明代遗构，是中国现存最宏伟壮丽的古代建筑群。

清入关前，于1636年在今沈阳市区建宫殿，规模较小，分三路建筑。入关后虽沿用明故宫，但清帝大部分时间生活在圆明园、承德避暑山庄等处，不过苑囿既成为清帝主要居住场所，其所在都设外朝、内廷，建有大量殿宇，规模虽不及大内宫阙，也很可观。秦始皇、汉武帝所开创的离宫制度，在清代苑囿中得到了充分的发展。

上林苑

中国汉朝武帝刘彻于建元二年（前138）在秦代的一个旧苑址上扩建而成的宫苑，规模宏伟，宫室众多，有多种功能和游乐内容。今已无存。上林苑地跨长安（今西安）、咸宁、盩厔（今周至东）、鄠县（今户县）、蓝田五县县境，纵横三百里，有霸、浐、泾、渭、丰、镐、牢、潏八水出入其中。据《汉书·旧仪》载："苑中养百兽，天子春秋射猎苑中，取兽无数。其中离宫七十所，容千骑万乘。"可见上林苑仍保存着射猎游乐的传统，但主要是宫室建筑和园池。据《关中记》所述，上林苑中有三十六苑、十二宫、三十五观。有供游憩的宜春苑，有供御人止宿的御宿苑，还有为太子设置的思贤苑、博望苑等。苑内有大型宫城建章宫，还有一些各有用途的宫、观建筑，如演奏音乐和唱曲的宣曲宫；观看赛狗、赛马和观赏鱼鸟的犬台宫、走狗观、走马观、鱼鸟观；饲养和观赏大象、白鹿的观象观、白鹿观；引种西域葡萄的葡萄宫和养南方奇花异木，如菖蒲、山姜、龙眼、荔枝、槟榔、橄榄、柑橘之类的扶荔宫；角抵表演场所平乐观；养蚕的茧观；还有承光宫、储元宫、阳禄观、阳德观、鼎郊观、三爵观等。上林苑中还有许多池沼，见于记载的有昆明池、镐池、祀池、麋池、牛首池、蒯池、积草池、东陂池、当路池、大一池、郎池等。其中昆明池是汉武帝元狩四年（前119）所凿，在长安西南，周长四十里，列观环之，又造楼船高十余丈，上插旗帜，十分壮观。据《史记·平准书》和《关中记》，修昆明池是用来训练水军。据《三辅故事》："昆明池三百二十五顷，池中有豫章台及石鲸，刻石为鲸鱼，长三丈"，又载："昆明池中有龙首船，常令宫女泛舟池中，张凤盖，建华旗，作棹歌，杂以鼓吹"。在池的东西两岸立牵牛、织女的石像。上林苑中不仅天然植被丰富，初修时群臣还从远方各献名果异树2000余种。上林苑既有优美的自然景物，又有华美的宫室组群分布其中，是包罗多种多样生活内容的园林总体，是秦汉时期建筑宫苑的典型。

大明宫

中国唐长安城三座宫城之一。位于今陕西省西安市城北龙首原上。曾名永安宫、蓬莱宫，以大明宫一名使用的时间为最长，又称东内。规模大于太极宫和兴庆宫。创建于太宗贞观八年(634)，高宗时又进行大规模营建。自龙朔三年(663)起，成为皇帝主要居住和听政之所。唐末毁于战火。从1957年起对大明宫遗址进行勘察和发掘，已较清楚地了解了此宫的形制和布局。1961年公布为全国重点文物保护单位。

大明宫的平面，南部呈长方形，北部因地形缘故而呈梯形。南宫墙借用长安城郭城北墙的一部分，长1674米，西宫墙长2256米，大明宫总面积约3.2平方千米。宫墙除城门附近和拐角处于表层砌砖外，余皆为版筑夯土墙。北、东、西宫墙外侧有夹城，为唐后期增筑。宫南部有两道东西向的宫墙，防卫严密。宫城四面设门，南墙正门丹凤门，北墙正门玄武门，两门之间的连线为宫城中轴线。宫南部为政务区，有含元殿、宣政殿和紫宸殿三大殿沿中轴线自南

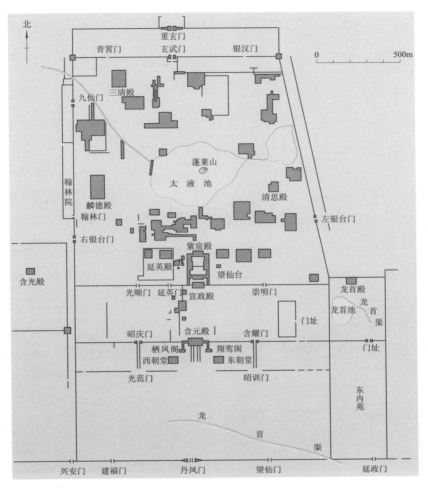

大明宫平面图

向北排列。三大殿以北是以太液池为中心的宫廷园林居住区。

含元殿　此殿为大明宫主殿，是皇帝举行外朝大典的场所。于高宗龙朔二年 (662) 开始营建，翌年建成，为中国古代最著名的宫殿建筑之一。位于龙首原南沿之上，由殿堂、两阁、飞廊、大台、殿前广场和龙尾道等组成。整个建筑群主次分明、层次丰富。殿堂为主建筑，位于三层大台上，居中心最高处，高出殿前广场 10 余米。主殿台基东西长 76.8 米、南北宽 43 米；殿堂面阔 11 间，四周有围廊。殿堂东南、西南分建两阁，东阁名翔鸾阁，西阁名栖凤阁，高程大致与殿堂相同，有飞廊与殿堂相连。大台之南为殿前广场。殿堂前面有自广场逐层登台的阶道，即文献所记两阁下盘上的龙尾道。从出土的砖瓦来看，含元殿屋顶用黑色陶瓦，以绿琉璃瓦剪边。整个大殿十分威严壮观。含元殿之北，穿过宣政门即皇帝进行常朝的宣政殿。宣政殿之北，穿过紫宸门为紫宸殿，皇帝在此召见宰相臣子议论朝事，被称为内朝。

含元殿遗址

麟德殿　位于大明宫北部、太液池之西，是皇帝举行宴会和接见外国使节的便殿。台基南北长 130 米、东西宽 80 余米，上有前、中、后毗连的三殿。中殿左右又各建东亭、西亭，后殿左右分建郁仪楼、结邻楼。殿周围绕以回廊，整个建筑面积达 12300 多平方米，规模十分宏伟。

三清殿　位于大明宫西北隅青霄门内偏东处，是宫内奉祀道教的建筑之一。老子李耳被认为是李唐王朝的先祖，故唐朝皇帝多崇信道教，于宫城内修建奉祀道教的建筑。此殿的台基北高南低、北宽南窄，平面呈"凸"字形。南北长 78.6 米，东西宽 47.6（南部）～53.1 米（北部），面积 4000 多平方米。高台为夯筑，周围砌砖壁，底部铺基石两层，基石和砖壁向上内收，呈 11°角的斜

三清殿遗址

面。从出土的朱绘白灰墙皮可知，上面有殿堂或楼阁建筑。

太液池 又名蓬莱池，位于宫城北部中央，龙首原北坡下，分西池和东池两部分。西池为主池，面积较大，平面椭圆形，东西最长 484 米、南北最宽 310 米；东池面积较小，平面略呈圆形，南北长 220 米、东西宽约 150 米。西池中央有蓬莱岛。据考古发掘可知，池岸经过夯筑，池岸底部有保护堤岸的木桩。太液池周围有水渠、廊子、道路、叠石等。

丹凤门 又名明凤门，是唐大明宫的正南门，也是皇帝在东内举行登基、改元、宣布大赦等外朝大典的场所。丹凤门北面正对大明宫主殿含元殿，两者之间相隔 600 余米。发掘结果表明，丹凤门为城门中最高等级的五门道制。墩台东西长 75 米、南北宽 33 米。5 个门道东西均宽 9 米、隔墙宽 3 米。门道的两侧、隔墙下端有南北向排列的长方形排叉柱坑，其中 4 个柱坑中尚保存有未移动的石础。城门墩台的东、西两侧为宽 9 米的城墙，城墙的北侧设有宽 3.5 米、长 54 米的马道。在门道地面、隔墙上多发现有火烧的痕迹，在门道的堆积中还出土了许多烧流的砖瓦结块。这些现象表明，丹凤门当毁于唐晚期的一场大火。

大明宫遗址内出土有砖瓦、鸱尾、石螭首、琉璃瓦等建筑构件，及"官"字款白瓷、鎏金铜饰等珍贵文物。此宫是唐长安城最重要的宫城，地下遗迹

保存得较好。1994年，联合国教科文组织、中国、日本三方合作启动了大明宫含元殿遗址保护工程。

［七、坛］

中国古代主要用于祭祀天、地、社稷等活动的台型建筑。最初的祭祀活动在林中空地的土丘上进行，之后逐步发展为用土筑坛。坛早期除用于祭祀外，也用于举行会盟、誓师、封禅、拜相、拜帅等重大仪式，后来逐渐成为中国封建社会最高统治者专用的祭祀建筑。规模由简而繁，体型随天、地等祭祀对象的特征而有圆有方，做法由土台演变为砖石包砌。

中国历代各种坛的建筑制度有所不同，如天和地，社和稷，有时分祀，有时合祭。都城各坛，其坐落方位，各个朝代有所不同。清代分布于北京城内外的坛

飞阁流丹 中国古代建筑类型

天坛祈年殿（1540年始建，1890年重建）

有圜丘坛（天坛）、方泽坛（地坛）、朝日坛（日坛）、夕月坛（月坛）、祈谷坛（天坛祈年殿）、社稷坛、先农坛、天神坛、地祇坛、太岁坛、先蚕坛等，其中天坛、地坛、日坛、月坛分别位于都城的南、北、东、西四郊。

坛既是祭祀建筑的主体，也是整组建筑群的总称。按后一含义，它包括许多附属建筑。主体建筑四周要筑一至二重低矮的围墙，古代称为"壝"，四面开门。墙外有殿宇，收藏神位、祭器。又设宰牲亭、水井、燎炉和外墙、外门。壝墙和外墙之间，密植松柏，气氛肃穆。有的坛内设斋宫，供皇帝祭祀前斋戒之用。整个建筑群的组合，既要满足祭祀仪式的需要，又要严格遵循礼制。

坛的形式多以阴阳五行等学说为依据。例如天坛、地坛的主体建筑分别采用圆形和方形，来源于天圆地方之说。现存天坛所用石料的件数和尺寸都采用奇数，是采用古人以天为阳性和以奇数代表阳性的说法。祈年殿的三重檐曾分别覆以三种颜色的琉璃瓦：上檐青色象征青天，中檐黄色象征土地，下檐绿色象征万物。至乾隆十六年（1751）均改为蓝色，以合专以祭天之意。社稷坛则一反中国传统建筑布局方式，把拜殿设在坛的北面，由北向南祭拜，这是根据《周书》所说的"社祭土而主阴气也，君向南，于北墉下，答阴之意也"。

［八、庙］

中国古代的祭祀建筑。形制要求严肃整齐，大致可分为三类。

祭祀祖先的庙　中国古代帝王诸侯等奉祀祖先的建筑称宗庙。帝王的宗庙称太庙，庙制历代不同。史籍记载夏代五庙，商代七庙，周代七庙，当为一帝一庙。周代天子的宗庙又称宫，可用来接待臣属，可知庙制近似宫殿。东汉以后，只立一座太庙，庙中隔成小间，分供各代皇帝神主，因而太庙间数不同。太庙是等级最高的建筑，后世惯用庑殿顶。现存明清北京太庙大殿即为实例。贵族、显宦、世家大族奉祀祖先的建筑称家庙或宗祠。仿照太庙方位，设于宅第东侧，规模不一。

有的宗祠附设义学、义仓、戏楼、功能超出祭祀范围。

奉祀圣贤的庙 最著名的是奉祀孔子的孔庙，又称文庙。孔子被奉为儒家之祖，汉以后历代帝王多崇奉儒学，敕令在京城和各州县建孔庙，京城孔庙常与太学毗邻，如位于国子监东侧的北京孔庙。山东的曲阜孔庙规模最

北京孔庙

大。奉祀三国时代名将关羽的庙称关帝庙，又称武庙。有的地方建三义庙，合祀刘备、关羽、张飞。许多地方还奉祀名臣、先贤、义士、节烈，如四川成都和河南南阳奉祀三国著名政治家诸葛亮的武侯祠，浙江杭州和河南汤阴奉祀南宋民族英雄岳飞的岳王庙和岳飞庙。

祭祀山川、神灵的庙 中国从古代起就崇拜天、地、山、川等自然物并设庙奉祀，如后土庙。最著名的是奉祀五岳——泰山、华山、衡山、恒山、嵩山的神庙，其中泰山的岱庙规模最大。还有大量源于各种宗教和民间习俗的祭祀建筑，如城隍庙、土地庙、龙王庙、财神庙等。

武侯祠

中国三国时期蜀汉丞相诸葛亮的祀祠。位于四川省成都市武侯祠大街。诸葛亮生前封武乡侯，死后谥忠武侯，故祠堂称为武侯祠。1961年国务院公布为全国重点文物保护单位。4世纪初，李雄据蜀时曾建诸葛亮庙，南宋时废。唐宋时的武侯祠建年已无可考，至迟在盛唐已颇具规模，位于刘备惠陵西南，与之毗邻。明初武侯祠撤，诸葛亮像位被移至刘备昭烈庙内，明末祠庙毁于兵火，清康熙十一年(1672)重建昭烈庙，以后殿专祀武侯，形成君臣合庙体制。

今武侯祠即清建，南向，为三院五重轴线布局。主要建筑由南往北有大门、

飞阁流丹

中国古代建筑类型

武侯祠大门

二门、刘备殿、过厅和诸葛亮殿。其中诸葛亮殿面阔 5 间，单檐歇山顶，与左右廊庑及钟鼓楼、过厅组成相对独立的四合院。殿内供祀诸葛亮塑像，左右配子诸葛瞻、孙诸葛尚塑像。刘备殿内供祀刘备塑像，两侧东西偏殿分别祀关羽和张飞像。祠中尚存碑刻 40 余通，其中以唐元和四年 (809) 刻《蜀丞相诸葛武侯祠堂碑》最为著名，由宰相裴度撰文，书法家柳公绰 (柳公权兄) 书，名工鲁建刻石。因文章、书法、刻技皆精，世称"三绝碑"（一说为诸葛亮功绩和裴文、柳书并称三绝）。武侯祠于 1974 年设立文物保管所，1984 年设博物馆，已成为成都市重要旅游景点。

［九、衙署］

中国古代官吏办理公务的处所。《周礼》称官府，汉代称官寺，唐代以后称衙署、公署、公廨、衙门。

衙署是城市中的主要建筑，对城市规划和城市景观有重要影响。京城衙署，自三国时起，大多有规划地集中布置。曹魏邺城、北魏洛阳城主要衙署在宫前大道两侧。隋代大兴城在宫城前建皇城，城内南北七街，东西五街，分列衙署，均南北向。北宋开封城后期在宫前大道两侧的横街上布置衙署，亦为南北向。以后又在宫前两侧建尚书省和中书省、枢密院。金中都衙署布置仿北宋后期。明初建南京城时，衙署建在宫前大道两侧，东西相对。明正统七年（1442）建北京衙署时，因袭南京形制，建在大明门内千步廊东西外侧，各前后二排，均东西向。

地方衙署自汉代以来多集中建于附属于大城的小城内。唐代称小城为子城、牙城或衙城。节度使驻的州府城衙城正门称"鼓角楼"，设鼓角旌节，屋顶可以用筒瓦、鸱尾，下开两个门洞，俗称双门。府县子城正门和无子城的衙署前正门称谯楼或谯门，上设鼓，兼为城市报时建筑。宋代府县谯门前建二亭，统名为"颁春""宣诏"，是名义上的接诏布政场所。子城内衙署居中，署后附官邸，周围布置属官公廨、属官住所和军营、仓库等。子城战时可设防，又是军事据点。宋代州府衙署也有因无子城而分散设立的。元灭宋后，下令毁天下城墙，明代重建时，一般不再建子城。洪武二年（1369）定制，地方衙署集中建在一处，同署办公，以便互相监督。现存始建于明代的官署多在城市中心偏北，前临街衢。清代衙署沿袭明制。

衙署都是庭院式布局，和同时期的宫殿、寺庙、第宅相似，建筑规模视其等级而定。衙署中主要建筑为正厅（堂），唐代以前称听事，设在主庭院正中。厅前设仪门、廊庑，一至数重不等，除供使用外，兼示威仪、等级。遇有重要情况开启正门，使用正厅。长官办理公务多在正厅的附属建筑中。属官的办公处所视衙署大小而定，小者即在正厅两厢，大者在主庭院侧另建院落。衙署内有架阁库保存文牍、档案，有的还有仓库。地方府、县衙署中常附有军器库、监狱。在京衙署，署内多不建官邸，京外衙署附设官邸，多建于衙署后部或两侧，供官员和眷属居住。明代以后，地方府县衙署内常建土地祠。

汉以前的衙署具体情况不详，唐宋以后大体可考。

汉代　西汉长安最重要衙署是丞相府。四面辟门，门外建阙，主体建筑称"百官朝会殿"，殿西有王公百官更衣处，形制近于宫殿，但附有官邸和车马厩、客馆、奴婢舍等建筑。汉代地方衙署在和林格尔汉墓壁画"护乌桓校尉幕府图"中有具体形象。画有倚大城一角的小城内的衙署，包括仓库、军营，反映出屯军城市衙署的特点。幕府有南门、东门，南门外有阙。幕府西侧别院为庖厨，东院为营房。庭院正中设厅堂，堂前左右有长庑和厢房，当是僚属、宾客所居。堂后小屋，内坐妇人，当为居室。堂左右有阁门通后院，院内三面长庑。

唐代　唐代以后中央和地方衙署多在主庭院外围建若干小院落，分几路布置。唐长安尚书省中路主庭院内建尚书令厅，称"都堂"。主庭院两侧建筑并列三路，以巷相隔，每路的前后各串联四个小院，共有24院，是尚书六曹的公廨。

宋代　北宋崇宁二年（1103）在开封城所建尚书省，是李诫据唐制改建的，分三路。中路有二重门，第一重称尚书省门，第二重称都省门，即主庭院正门。门面阔五间，门两侧的廊各五间，连东西庑各二十间。主厅是工字厅，前厅九间，为都堂，后厅为议事厅。穿廊东西各有厢房五间，是五府位。都省门外两侧各有门，分通六部公廨。

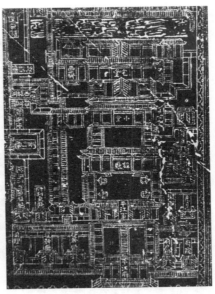

南宋绍兴三年（1133）重建的平江府治是唐宋时期整个子城作为衙署的实例。子城有南、北二门，南门内轴线上布置府署和府邸。署由廊庑围成庭院。庭北正中正厅称"设厅"，以宴设将士得名。设厅后面为"丁"字形小堂。设厅、廊庑、小堂为长官办公之处。小堂后"工"字形的宅堂和东斋、西斋是府邸。邸有池塘、园圃，散列轩亭，并可北通城上的齐云楼。唐宋时代州郡有供官吏宴会用的楼，称"郡楼"，或建在官署中，或建在风景优美处。齐云

宋平江府图碑中的府衙

楼即属郡楼性质。府署前两侧整齐布列五个小院，是属官廨署。西部多是军事机构，还有练兵的教场和制造军器的作坊院落。平江子城和衙署重建于宋、金交战之际，还保留着兼作军事据点的特征。

明代　明正统七年（1442）在北京皇城千步廊侧建的中央各部院衙署，布局基本一致，都是正堂为五间工字厅，两侧建若干院落。以吏部为例，总平面呈矩形，分前后两部。前部外门三间，门内分三路。中路是以面阔五间"工"字形正堂为中心的主庭院，前有三间的仪门，左右各有东西庑十六间，正堂左右各有二小堂。左右两路各为六个院落，与中路以巷道相互间隔，是各职能司的公廨。后部为仓库。

明洪武年间《苏州府志》所载苏州府署可作明初地方衙署实例。府署是一个矩形大院，南面设门，门内分前后二部。前部建左、中、右三路建筑。中路是两进主庭院，第一进庭院北面正堂和推官厅、经历司厅并列，三厅之后为第二进庭院，设后堂和东西厢房。左右两路各建五个院落，为架阁库、公廨和通判等官吏住宅。后部三个院落东西并列，与前部以巷道相隔，是知府和同知住宅。整个官署布局是按明洪武二年颁布的州县公廨图式改建的，前分三路，后列三宅，有纵横巷道，布置整齐，分区明确。明代地方志中常有公廨图，规模有大小，但布局与苏州府治近似。

河南南阳内乡县衙，始建于元大德八年(1304)，明初重建，后又屡次扩建

飞阁流丹　中国古代建筑类型

[十、仓廪]

中国古代称储谷的建筑为仓,储米的建筑为廪,以后遂以仓廪作为储粮处所的通称。

原始社会储粮用窖穴。半坡村、姜寨等居住遗址旁有大量窖穴。窖穴储粮,后来成为传统。直到隋唐时,全国最大的粮仓——洛阳含嘉仓,还是用窖穴储粮。

《诗经》中已经出现仓、廪等名称,说明已有不同种类的地上粮仓。汉代首都有太仓,各地有常平仓。汉墓出土大量明器陶仓,可供了解民家仓库的形制。这些明器陶仓有两种:方形的仓和圆形的囷。仓一般为一二层,个别的三层,上层实际是天窗。北方出土的明器陶仓多建在高台上,有的下部架空;南方出土的,大多下部架空,屋身刻出木框架,表示为木骨夹泥墙。囷的四周多刻斜方格,表示用竹、木筋编成网架,内衬席箔,顶上为圆锥形草顶。宋代的官仓为木构悬山顶建筑,最大进深达六丈,用料粗壮,建筑坚牢。室内木地板高出地面约一尺五寸,称为地棚。仓前檐有廊,庭院有砖铺的晒场。清代规定官仓每座宽五间,进深五丈三尺,面阔一丈四尺,檐柱高一丈五尺,悬山屋顶,每间加天窗。室内地面铺砖,上加木地板,仓门下部留有气孔。

含嘉仓铭砖拓片

据记载,元代官仓有正廒、东廒、西廒、南廒之称,当是四合院或三合院式布局。清代北京的富新仓、兴平仓、旧太仓和南新仓共处一方形大院中,是四合院式和连接式的组合体。为防火另有两横两直四道沟渠流贯其间。

含嘉仓

中国唐代东都洛阳的粮仓。在今河南洛阳市隋唐故城内皇城外的东北部,城址长方形。原为含嘉城,建于隋大业年间。元《河南志》载:"东城,大

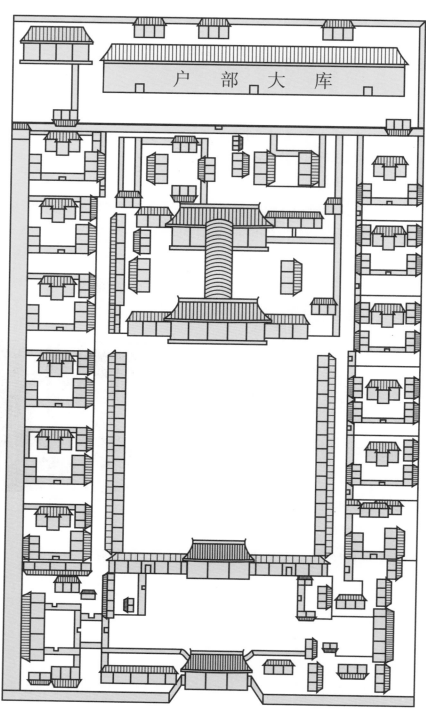

户 部 大 库

飞阁流丹

中国古代建筑类型

清代北京户部衙门及大库

业九年 (613) 筑。北面一门曰含嘉门，南对承福门。其北即含嘉仓。仓有城，号含嘉城。"从隋唐之际王世充与李密争战中，李密占据洛阳外围粮仓后，东都城内严重缺粮的情况看，当时含嘉城尚未作为粮仓来储存粮食。以含嘉城作为大型粮仓，当为唐代的事。高宗、武后、玄宗时使用甚繁。《唐六典》载："凡都之东，租纳于都之含嘉仓。"1969 年以来，对含嘉仓进行的考古发掘，已经探明仓城东西长 615 米，南北长 725 米。发现大小数百座地下储粮仓窖，防潮防腐措施相当周密。已发掘的有 11 座仓窖，最大的口径 18 米，深 11.8 米，可储粮五六十万斤。在每座仓窖下都有铭砖，刻有调露、长寿、天授、（万岁）通天和圣历年号的铭砖，记载着仓窖在城内的位置、储粮数量、入窖年月日以及管理人员的官职和姓名等。从砖上铭文可知含嘉仓储粮有来自南方苏州、楚州及滁州等地，也有来自北方的冀州、邢台、德州等地。杜佑《通典·食货》载，天宝八载 (748) 含嘉仓储粮总数为"五百八十三万三千四百石"。安史之乱后，渐趋衰落。

[十一、府库]

中国古代称国家贮文书档案的建筑为府，贮金帛财货、武器的建筑为库。以府库作为国家贮藏文件、物资、金帛处所的通称。

汉代未央宫石渠阁是藏书的府的代表。阁是建在架空的平台上房屋的通称。石渠阁因四周有石渠围绕而得名，可知它是以架空防潮，以水渠防火。唐代以后的档案库称架阁库，小的利用衙署正堂前的两庑，大的专建一院。库房室内铺地板防潮，板下铺沙防鼠，四面开窗，设柜、架以分区储存文件，院中掘池贮水以防火。调阅和抄录档案者使用专设的门厅和廊庑，不与库房相混，制度颇严。

武库是府库的一种类型。建于公元前 200 年的西汉长安武库是当时最大的武器库，遗址近已发掘。它是一个夯土墙围成的 710 米 ×322 米的东西长的大院，中加纵隔墙，成两个近方形院子，分别对外开门。每个院内都在三面建库房，一面敞开，共有 7 座。其中一座残长 190 米，进深 45.7 米，是已知最大的武器库房。

史载隋朝洛阳宫有左右藏库，左藏共 6 排，每排 25 间，规模很大。明嘉靖年间修建的表章库皇史宬是中国现存的最早的档案库。明清所建北京太和殿两庑和角库也是库房。清代北京户部衙门后有大库，相当于国家金库。地方衙署也都附建库房。官库围墙高筑，专人守卫。

商用库房自隋唐以来日益增多。在封闭的市内沿墙建商品库，称店或邸。地方官府为收取租金，多在城市和交通要道建库，供商人租用，称为邸阁。北宋初期，一些贵官豪族在汴梁汴河泊舟地附近建楼，供商人租用，称为楼店，实即码头仓库，最大的有十三间，称十三间楼。以后官家仿效，建库出租。南宋时在水边建仓库区，每区库房在千间以上，四周环水，既可防火、防盗，又便于运输，专供商贾租用，称为塌房。清代改称为栈或栈房。

仓库要求坚牢，官库尤其如此。宋《营造法式》和清工部《工程做法》都有对国家库房建筑做法的详细规定，建筑的规格和用料等级很高。商用仓库则简陋得多。

皇史宬

中国明清时期的皇家档案库。位于今北京南池子大街。始建于明嘉靖十三年 (1534)，为中国保存最好的古代档案库。初建时，命名神御阁，拟藏历代帝王画像、实录、圣训；建成后，更名为皇史宬，收藏圣训、实录，帝王画像则另由景神殿庋藏。总面积 8460 余平方米。正殿为庑殿式建筑，沿古代石室金匮之制，全为砖石结构，不用木植，既有利于防火，又坚固耐久。室内筑有 1.42 米高的石台，上置贮藏档案的雕龙云纹镏金铜皮木柜 153 个。铜皮木柜既能防火，又可防潮，有利于档案文献的安全保护。正殿东西各有配殿 5 间，砖木结构，仅为衬托。东配殿北侧有座碑亭，重檐二重四角方形，是清嘉庆十二年 (1807) 重修时增建。除收藏实录、圣训外，还收藏明清两代

飞阁流丹 中国古代建筑类型

皇史宬正殿外景

玉牒、《永乐大典》副本、《大清会典》、题本的副本、《朔漠方略》以及各将军印信等。实录、圣训、玉牒送往皇史宬收藏时，要举行"进呈""祭告""奉安"仪式；启匮查阅时，也要"焚香九叩首"。明代由司礼监管理。清代由内阁满本房掌管收藏事宜，另设守尉3人，守吏16人，负责守卫和管理。1900年，八国联军侵占北京并进驻皇史宬，建筑、设备及所藏蒙受很大损坏。中华人民共和国建立后，几经修缮，1982年被列为全国重点文物保护单位，由中国第一历史档案馆管理和使用。

［十二、钟鼓楼］

中国古代主要用于报时的建筑钟楼和鼓楼的合称。有两种，一种建于宫廷内，一种建于城市中心地带，多为两层建筑。宫廷中的钟鼓楼除报时外，在朝会时也作节制礼仪之用。此外，唐代寺庙内也设钟和鼓，元、明时期发展为钟楼、鼓楼对峙而立，供作佛事之用。

西安鼓楼

宫廷中的钟鼓楼 南朝梁代建康宫正殿东南角已建有钟楼，但鼓设于殿门内侧，未专建鼓楼。宫廷中钟鼓楼同设始于隋代。隋代洛阳宫乾元殿前东南角有钟楼，西南角有鼓楼，按刻漏敲钟击鼓。唐代长安太极宫太极殿、大明宫含元殿，北宋汴梁大内文德殿，金代南京隆德殿等均在殿庭东南角建鼓楼，西南角建钟楼。元大都大明殿、延春阁东庑建有钟楼，西庑建有鼓楼。到明代，宫殿中就不再建钟鼓楼了。

城市中的钟鼓楼 早期城市无专用报时建筑。古代里坊制城市实行宵禁，早晚击鼓为启闭坊门的信号。唐长安宫城正门承天门和各坊坊门上层都

西安钟楼

设鼓。闭门时先由承天门击鼓，由近而远，各坊门依次击鼓，传递信息。州、县则在衙城正门鼓角楼或谯门上设鼓。元大都、明南京城和明清北京城都在城内建造高大的钟楼和鼓楼，作为全城报时中心。各地方城市也出现独立于街头的钟楼和鼓楼，周围逐渐形成繁华的商业区。元代以后，钟鼓楼成为城市的一种公共建筑，对街景和城市立体轮廓起重要作用。

城市报时用的钟鼓楼沿袭承天门、谯门的城楼做法，下为砖砌墩台，上为木构楼屋。有的在墩顶上加筑腰檐，使墩台像楼的底层，山西大同钟楼和北京鼓楼

就是这样。

实例　西安的钟楼和鼓楼是现存最古的实例之一。钟楼建于明洪武十七年
(1384)，明万历十年 (1582) 重修。明西安城的钟楼建在中轴线干道交会处，是城内
最高大的公共建筑，下部为 35.5 米见方、高 8.6 米的方形城墩，每面建一券门，十
字贯通，墩上建方形重檐三滴水攒尖屋顶的二层木构钟楼，楼上悬钟。鼓楼在钟楼
西北侧，跨南北街而建，始建于明洪武十三年 (1380)，清代两次重修。下部为城墩，
宽 52.6 米，高 7.7 米，设宽 6 米的券洞，上建重檐三滴水歇山顶的两层木构鼓楼，
面阔 7 间，进深 3 间，外形和构造特点都和城楼相似。

北京钟鼓楼创建于明永乐十八年 (1420)，建在北京城中轴线的北端。鼓楼立
面矩形，钟楼立面方形，与西安钟楼、鼓楼相同，但鼓楼在前，钟楼在后，前后相重，
以巨大的体量，成为北京城中轴线的结尾，在城市景观中起的重要作用较西安钟
鼓楼更为突出。

[十三、戏楼]

泛指中国古代演戏的场所。在历史上有过各种不同的名称和形态。唐代中国
戏剧已具雏形，至宋、金两代正式形成。各个朝代的演戏场所随着戏剧艺术的发
展而演进。就建筑而言，以唐代的戏场、宋代的勾阑、元代的戏台和清代的戏楼、
戏园为其主流。

戏场　唐代称演戏场所为戏场，但
形制不详，仅知戏场在寺庙旁。敦煌"净
土变"壁画上有一筑于水池上的表演台
形象。台方形，上铺花毯，四周有栏杆。
宋代在御前演杂剧时，皇帝和宫嫔在楼
上观戏，百姓在露台下观戏。露台是枋

唐代敦煌"净土变"壁画中的歌舞场面

木垒成的临时表演台，有栏杆围绕，四面观戏。

瓦舍勾阑　宋代杂剧在民间的演出场所称勾阑（又作勾栏、构栏）或瓦舍勾阑，又称邀棚，是在公共娱乐场所的瓦舍中勾阑内演戏。北宋汴梁、南宋临安都有多处瓦舍勾阑。勾阑把乐棚、舞台等综合起来，三面观戏，隔出一面充后台。宋代的一些文献记载中只叙述其数量多，规模大，而具体形象则很少描述。勾阑形制一直延续到元、明以至清初。从元初杜善夫散曲《庄家不识勾阑》中可略知勾阑的台是有顶的，上面像座钟楼，观众三面围坐，观众席是个木坡。看戏要先付钱，戏园外还张贴着花绿纸榜，写出剧目和演员等。勾阑是中国营业性剧场的开端。

戏台　金代称"舞亭"或"舞厅"，元代称戏台。最初戏台多建于寺观等宗教建筑前的广场上，用于演戏酬神。金代舞亭今已无存，山西省稷山县马村宋、金墓群一二号和侯马市金大安二年（1210）董氏墓出土有砖雕戏台模型。元代民间大量兴建戏台，山西省境内有数座遗存至今。其中临汾魏村的牛王庙戏台建于

山西太原晋祠戏台（水镜台）

四川都江堰市二王庙戏台

元至元二十年（1283），是中国现存最早的戏台，单檐歇山顶，有斗拱。自明代开始，戏剧表演出现两军对峙的武打场面，要求舞台面积增大，且前后台要分开。明代寺庙戏台遗存至今的有山西省太原市晋祠水镜台和陕西省三原县的一处单面的小戏台。清代遗存至今的寺庙戏台，著名的有广东省佛山市祖庙戏台、安徽省亳州市花戏楼、四川省都江堰市二王庙戏台等。清代除寺庙戏台外，在城市的会馆中也建有戏台。会馆戏台建于庭院内的南侧，面向北，观众席设在庭院中或正厅和厢房中。有的在庭院上建屋顶，三面设楼座，已同戏园相似。会馆戏台仍有不少保存至今，如北京的阳平会馆、天津的广东会馆、山东省聊城市的山陕会馆和烟台市的福建会馆等都保存有较好的戏台。北京清代王府中多有固定的戏台，如醇亲王府、恭王府都有。一般宅邸中没有固定的戏台，堂会演戏时临时搭台，有供租赁的成套器材，称为"行台"。但江南富家常在园林中建造戏台，如扬州寄啸山庄戏台建在水池之中，利用水面增强音响，夏日观戏又可纳凉。农村的临时戏台，清代称为"草台"，多搭建在晒场上或靠山近水的空旷地方。江南水乡的戏台建在空间开阔、河道交叉的水面上，观众从四面八方乘船而来，坐在船上看戏。

戏楼　清代宫苑中的戏楼是综合了民间戏台建筑的精华发展而成的一种观演建筑，不仅面积大，而且变单层为两层或三层。戏楼都是坐南朝北，和观戏的殿堂组成四合院。正殿明间是皇帝的席位，两廊各间赐王公大臣观戏。乾隆时期所建的大戏楼有：紫禁城的宁寿宫畅音阁、寿安宫大戏楼、避暑山庄的福寿园清音阁和圆明园的同乐园清音阁等。光绪时建有颐和园的德和园大戏楼。现在仅存宁寿宫畅音阁和颐和园德和园大戏楼。

颐和园的德和园大戏楼

三层大戏楼的台面，由上至下，分别称为福台、禄台、寿台。底层寿台是主要的表演部位，进深三间，相当于民间戏台面积的 9 倍。禄台的表演部位只占台的进深一间面积，福台更小。这样向上逐层缩减台面，是因视线关系和上面的两层台要留出天井的位置。每层台各有上下场门。寿台后壁有一层阁楼，称"仙楼"。仙楼有木扶梯通向寿台、禄台，供戏中神仙角色上下场之用。寿台台板下为地下室，有水井能起共鸣作用以增强音响。寿台顶部有三个天井，各井口上均设辘轳架，是用来表演入地升天的神话情节时的机械。演喜庆承应大戏时，三层台同时演出，构成丰富多彩的空间舞台效果。舞台背后的拌戏楼是演员化妆、休息和存放戏箱等的地方。清代宫苑中规模较小的戏楼有紫禁城的重华宫漱芳斋戏楼和颐和园的听鹂馆戏楼，都是两层的建筑。

戏园　勾阑发展到近世成为戏园。清初，北京的戏园仍与勾阑相似，如《日本唐土名胜图会》上所画的广和查楼，是一座重檐歇山顶的戏台，台前空场上有人立着看戏，两侧和后面有看棚，看棚同戏台互不连接。以后逐渐出现有舞台、戏房和客座的戏园，舞台和观众席上均有屋顶，而且连接在一起。至清嘉庆时戏园已有楼座，建筑渐臻完备。客座中楼下前部称散座，中部称池心，楼上称官座，备有放置茶具的方桌。清代后期北京戏园极多，著名的有太平园、四宜园、广和查楼、月明楼、方壶轩等。

戏台、戏楼建筑都是采用木构架、瓦屋顶的传统建筑形式，屋顶以歇山、卷棚为主。装修考究，大量使用雕饰。枋、柱上挂匾额、楹联，词句巧妙。油漆彩画用色和题材别具一格，烘托出中国戏曲演出时所需要的富丽堂皇而又神秘奇特的气氛。

[十四、府邸]

一般泛指达官贵人的住所，又称府第。也专指在私居执政的王公高官的，建有执政殿堂的居住建筑，如王府、相府。

历代封建帝王重视社会的整体秩序，强调等级，对居住建筑的形制定有制度。秦汉以前的规定未获明文。唐代已有明确的规定，如王公等大贵族和三品以上的

恭王府

高官住家可以临大街在坊墙上开门，可以建三间五架悬山顶的大门，门外可以依官品竖立棨戟，可以建五间九架的歇山屋顶的堂等。宋代王爵不世袭。明代分封诸王至各地镇守，称"国"，诸王府各因其国择地。明代王府的建置规模巨大，有城池、宫殿、堂库等室，数量可达七八百间。据《太祖实录》载，王城的尺寸"以晋府为准，周围三里三百九步五寸，东西一百五十丈二寸五分，南北一百九十丈二寸五分"。明代诸王在北京不设王府，而建有"十三邸"，是为应召来京朝见的诸王的临时府邸。清代规定诸王、贝勒、贝子等必须住在北京内城。清初的王府多是在明代勋戚府第的旧址上，按制度改建或重建而成。如郑亲王府是在明代功臣荣国公姚广孝赐第址上建的。清代宗室封爵分为十等，即亲王、郡王、贝勒、贝子、镇国公、辅国公、镇国将军、辅国将军、奉国将军、奉恩将军。前六等赐给府第：亲王、郡王的住所称"王府"，其余四等及公主的住所只能称"府"。《大清会典》对各级王府的规格、形制皆有所规定，不得僭越。

清代王府多附有花园，有的御批可以引入活水，因而王府花园较一般北京宅园更为可观，楼阁亭台、山石流水不一而足。清代王府的布局一般是有高墙围绕，中路正门前有广场，周围有廊庑，正门不直接对外，而是在左右廊庑开有"阿恩"门（满语，汉译为"雁翅门"）。正门内为正殿、左右有翼楼。后有门、寝殿、左右配殿，再后为后罩楼。左右路也是多进院落，有居室、仓储、厨厩等供居住管理、服务等用的房屋。从《乾隆京城全图》中的北京怡亲王府平面图可略见清代王府布局之一斑。《乾隆京城全图》上标明府名并有平面图的王府有 36 处。晚清王府数量有所增加，总数约在百处。辛亥革命后，王府多沦落易主，拆卖毁改，大多数已面目全非。现存较完整的清代王府建筑约有十余处，其中恭王府和醇王府已被列为全国重点文物保护单位。

恭王府

中国清朝道光帝第六子恭忠亲王奕䜣的府邸。位于北京市前海西街。原为乾隆时大学士和珅的第宅。嘉庆四年（1799）和珅获罪，第宅入官，嘉庆

飞阁流丹

中国古代建筑类型

帝将第宅的一半留给和珅之子额驸丰绅殷德和固伦和孝公主使用，一半赐给其弟庆郡王永璘。嘉庆二十五年（1820）永璘获庆僖亲王封号，时称庆王府。道光三年（1823）和孝公主去世，整座府邸全归庆王府。后因永璘子嗣身份品级不够，庆王府于咸丰二年（1852）由咸丰帝按照清代王府第宅制度规定，转赐其弟恭亲王奕䜣，始称恭亲王府。同治时期曾经整修，并在府后添建花园。现存王府总占地面积约 6.19 公顷（93 亩），由府邸、花园和马号三部分组成，有府墙围合。

府邸占地 3.3 公顷（含马号），建筑群布局主要分中、东、西三路，以中路为主路，东、西路为跨院，总体呈中轴对称状。中路前端为前庭，南面为倒座。东西有并列的两组跨院落和东西院墙（已毁），用作王府办事机构和驻扎八旗兵。主路建筑布局，由南向北依次为：正门、仪门、正殿、后殿、无翼楼、后寝等。王府门为两重：正门（大门），前置石狮一对；仪门（二门），两旁设阿思门。其后依次为正殿"银安殿"与东、西配殿（民国年间焚毁），后殿"嘉乐堂"与东、西配殿。中路主体建筑全部绿琉璃瓦顶。东路由两进院组成，前院正厅名"多福轩"，是恭亲王起居会客之所，后院正厅名"乐道堂"。西路院落格局与东路同，为王府的住宅部分，建筑皆以廊庑周接，尺度与装修更为小巧精致。前院正厅名"葆光室"，后院正厅为"锡晋斋"，楠木装修，两院之间设垂花门，门内上悬匾额"天香庭院"，门内外植海棠、翠竹。三路院落之后为通长 150 余米的后罩楼，正中偏西设穿堂门，通府后花园；后楼东段悬匾"瞻霁楼"，西段悬匾"宝约楼"，共 2 层、近 50 开间，为京师王府中后楼最具规模者。

花园名萃锦园，俗称恭王府花园，占地约 2.87 公顷。其间散置叠石假山，曲廊亭榭，水池花木。主要建筑有安善堂、邀月台、蝠厅（养云精舍）、沁秋亭（流杯亭）、大戏楼、秋水山房、妙香亭、益智斋和湖心敞厅诗画舫，其他景点有仿西洋风格的门楼、大太湖石"独秀峰"、平面仿蝠形的"福池"、康

萃锦园示意图

熙御笔"福"字碑、小城墙"榆关"等。全园斋室轩院曲折变幻，风景幽深秀丽。

恭王府是由大臣第宅改建的王府建筑，建筑规格诸多方面未及清代王府第宅制度的规定，但在建筑艺术、空间布局、使用功能和私家造园等方面更为宜人、精致，是清代重要的王府建筑之一。1982年国务院公布为第二批全国重点文物保护单位。

[十五、殿堂]

中国古代建筑群中的主体建筑，包括殿和堂两类建筑形式，其中殿为宫室、礼制和宗教建筑所专用。

渊源 堂、殿之称均出现于周代。"堂"字出现较早，原意是相对内室而言，指建筑物前部对外敞开的部分。堂的左右有序、有夹，室的两旁有房、有厢。这样的一组建筑又统称为堂，泛指天子、诸侯、大夫、士的居处建筑。"殿"字出现较晚，原意是后部高起的物貌；用于建筑物，表示其形体高大，地位显著。最早在单体建筑的名称缀以殿字的，是秦始皇所筑的甘泉前殿和阿房前殿。殿、堂二字，最初可以通用，后来有了等级差别。西汉初期，除宫室外，丞相府因要举行皇帝亲临的大朝会正堂也可称殿；西汉中叶以后，殿的名称逐渐为宫室专用；东汉以后，殿成为皇帝起居、朝会、宴乐、祭祀之用的建筑物的通称。此后，佛寺道观中供奉神佛的建筑物也称殿，"堂"的含义及其形制亦有变化。自汉代以后，堂一般是指衙署和第宅中的主要建筑，但宫殿、寺观中的次要建筑也可称堂，如南北朝宫殿中的"东西堂"、佛寺中的讲堂、斋堂等。

形制　作为单体建筑，殿和堂都可分为台阶、屋身、屋顶三个基本部分。其中台阶和屋顶形成了中国建筑最明显的外观特征。因受封建等级制度的制约，殿和堂在形式、构造上都有区别。殿和堂在台阶做法上的区别出现较早：堂只有阶；殿不仅有阶，还有陛，即除了本身的台基之外，下面还有一个高大的台子作为底座，由长长的陛级联系上下。殿和堂在屋顶形式上也有区别，至迟到唐代，已规定只有殿才可以用庑殿屋顶，用鸱尾；堂只能用歇山顶或悬山顶。宋代以后，歇山顶也为宫殿专用，官署、住宅等只能用悬山或硬山屋顶。宋《营造法式》规定了殿和堂两种不同的结构方式：殿由水平分层叠组而成；堂则是用柱梁等构件组成一榀榀横向梁架，再用檩枋等构件将各榀梁架联结而成。至清代，就官式建筑而言，殿和堂在结构方式上的基本差别仍然保持着。

布局　殿一般位于宫室、庙宇、皇家园林等建筑群的中心或主要轴线上，其平面多为矩形，也有方形、圆形、"工"字形等。殿的空间和构件的尺度往往较大，装修做法比较讲究。堂一般作为府邸、衙署、宅院、园林中的主体建筑，其平面形式多样，体量比较适中，结构做法和装饰材料等比较简洁，往往表现出更多的地方特征。

［十六、楼阁］

中国古代建筑中的多层建筑物。楼与阁在早期是有区别的。楼指重屋，阁指

天一阁藏书楼

下部架空、底层高悬的建筑。阁一般平面近方形，两层，有平坐，在建筑组群中可居主要位置，如佛寺中有以阁为主体的，独乐寺观音阁即为一例。楼多狭而修曲，在建筑组群中常居于次要位置，如佛寺中的藏经楼，王府中的后楼、厢楼等，处于建筑组群的最后一列或左右厢位置。后世楼阁二字互通，无严格区分，不过在建筑组群中给建筑物命名仍有保持这种区分原则的。如清代皇家的几处大戏园，主体舞台建筑平面近方形的均称阁，观戏扮戏的狭长形重屋均称楼。

古代楼阁有多种建筑形式和用途。城楼在战国时期即已出现。汉代城楼已高达三层。阙楼、市楼、望楼等都是汉代应用较多的楼阁形式。汉代皇帝崇信神仙方术之说，认为建造高峻楼阁可以会仙人。武帝时建造的井干楼高达"五十丈"。佛教传入中国后，大量修建的佛塔建筑也是一种楼阁。北魏洛阳永宁寺木塔，高"四十余丈"，百里之外可遥见；建于辽代的山西应县木塔高 67.31 米，是中国现存最高的古代木构建筑。历史上有些用于庋藏的建筑物也称为阁，但不一定是高大的建筑，如石渠阁、天一阁等。可以登高望远的风景游览建筑往往也用楼阁为名，如黄鹤楼、滕王阁等。

中国古代楼阁多为木结构，有多种构架形式。以方木相交叠垒成井栏形状所构成的高楼，称井干式；将单层建筑逐层重叠而构成整座建筑的，称重屋式。唐宋以来，在层间增设平台结构层，其内檐形成暗层和楼面，其外檐挑出成为挑台，这种形式宋代称为平坐。各层上下柱之间不相通，构造交接方式较复杂。明清以来的楼阁构架，将各层木柱相续成为通长的柱材，与梁枋交搭成为整体框架，称之为通柱式。此外，尚有其他变异的楼阁构架形式。

天一阁

中国现存最早的私家藏书楼。阁址在浙江省宁波市月湖之西。阁主人为明人范钦，字尧卿，号东明，浙江鄞县（今浙江宁波）人，明嘉靖十一年（1532）进士，历官至兵部右侍郎，生平好学，性喜藏书。嘉靖三十九年，范钦去官归里，开始在宅中建造天一阁，建造年代约在嘉靖中后期。天一阁是一座两层楼房，上层不分间，通为一厅，以书橱相隔，下层分为6间，寓"天一地六"之义。阁前有天一池，阁后有尊经阁和明州碑林。清代建造的专藏《四库全书》的文渊阁等七阁及其命名，就是参考了天一阁的规制。范钦为收集图书，曾遍访藏书名家和各地坊肆，借抄善本，并购藏了明代丰坊万卷楼、袁忠彻静斋等藏书，曾使天一阁藏书达7万余卷。

天一阁藏书有三大特点：一是明代各省的地方志435种，现存271种；二是明洪武、永乐以下各省的登科录、乡试、会试、武举录等科举文献460册，现存370种；三是明代或明以前的碑帖拓片800余种，现存26种。天一阁藏书之所以能保存久远，是因为有一套严密的保管制度，如建阁之初建立的"代不分书，书不出阁"制度。范钦去世后，子孙相约为例，凡阁橱锁分房掌管，非各房子孙齐至不开锁，并立有"烟酒切忌登楼"等禁碑。天一阁藏书在明末、清代和民国年间，屡遭人为侵夺，如清乾隆修《四库全书》时的访书，1840年鸦片战争，1861年和1924年歹徒的偷盗，多次劫难后藏书仅存1.3万余卷。中华人民共和国建立后，天一阁被列为国家重点文物保护单位，藏书也得到很好的保护、收集与整理，现藏书已达30万卷，其中古籍20万卷，善本书7万余卷，编有《天一阁善本书目》（1980）。

[十七、园廊]

一种带状的建筑。屋檐下的过道及其延伸成的独立的有顶过道称廊，建造于园林中的称为园廊。在园林中，廊不仅作为个体建筑联系室内外，而且还常成为联系各个建筑之间的通道，成为园林内游览路线的组成部分。它既有遮荫避雨、休息、交通联系的功能，又起组织景观、分隔空间、增加风景层次的作用。廊在各国园林中都得到广泛应用。

北京颐和园长廊

中国园林中廊的结构常有：木结构、砖石结构、钢及混凝土结构、竹结构等。廊顶有坡顶、平顶和拱顶等。中国园林中廊的形式和设计手法丰富多样。其基本类型，按结构形式可分为廊、单面空廊、复廊、双层廊等；按廊的总体造型及其与地形、环境的关系可分为直廊、曲廊、回廊、抄手廊、爬山廊、水廊、桥廊等。

廊　两侧均为列柱，没有实墙，在廊中可以观赏两面景色，不论直廊、曲廊、回廊、抄手廊等都可采用，在风景层次深远的大空间中，或在曲折灵巧的小空间中都可运用。例如北京颐和园内的长廊，全长 728 米，北依万寿山，南临昆明湖，穿花透树，把万寿山前十几组建筑群联系起来，对丰富园林景色起着突出的作用。

单面空廊　有两种：一种是在双面空廊的一侧列柱间砌上实墙或半实墙而成的，一种是一侧完全贴在墙或建筑物边沿上。单面空廊的廊顶有时作成单坡形，以利排水。

复廊　在双面空廊的中间夹一道墙，就成了复廊，又称"里外廊"。廊内分成两条走道，中间墙上开有各种式样的漏窗，从廊的一边透过漏窗可以看到廊的另一边景色，一般设置两边景物各不相同的园林空间。如苏州沧浪亭的复廊，它妙在借景，把园内的山和园外的水通过复廊互相引借，使山、水、建筑构成整体。

苏州拙政园水廊

双层廊 上下两层的廊，又称"楼廊"。它为游人提供了在上下两层不同高度的廊中观赏景色的条件，也便于联系不同标高的建筑物或风景点以组织人流，可以丰富园林建筑的空间构图。

[十八、亭]

中国传统建筑中周围开敞的小型点式建筑，供人停留、观览，也用于典仪。俗称亭子，出现于南北朝的中后期。

形式 亭一般设置在可供停息、观眺的形胜之地，如山冈、水边、城头、桥上以及园林中。还有专门用途的亭，如碑亭、井亭、宰牲亭、钟亭等。亭的平面形式除方形、矩形、圆形、多边形外，还有十字、连环、梅花、扇形等多种形式。亭的屋顶有攒尖、歇山、锥形及其他复合体形式。大型的亭可筑重檐，或四面加抱厦。陵墓、宗庙中的碑亭、井亭可做得很庄重，如明长陵的碑亭。大型的亭可以做得雄伟壮观，如北京景山的万春亭。小型的亭可以做得轻巧雅致，如杭州三

明十三陵长陵圣德碑亭及华表

潭印月的三角亭。亭的不同形式，可以产生不同的艺术效果。

构造 亭的结构构建以木构为多，也有用砖石砌造的。亭多做攒尖顶和圆锥形顶。四角攒尖顶在汉代已出现，八角攒尖顶和圆锥形顶在唐代明器中已有发现。宋《营造法式》中所载"亭榭斗尖"，是类似伞架的结构。这种做法可以从清代南方的园林中见到。明清以后，方亭多用抹角梁，多角攒尖亭多用扒梁，逐层叠起。矩形亭的构造则基本与房屋建筑相同。

[十九、阙]

中国古代用于标志建筑群入口的建筑物，常建于城池、宫殿、第宅、祠庙和陵墓之前。阙大体是由最初的显示威严、供守望用的建筑，逐渐演变为显示门第、区别尊卑、崇尚礼仪的装饰性建筑。《诗经·郑风》中有"挑兮达兮，在城阙兮"，反映周代已有阙。春秋时宫殿的正门建阙。汉代则宫殿、陵墓均建阙。东汉时许多贵族和官僚的第宅、祠、墓也建阙，以示官爵和功绩。

现存最早的阙属于汉代，东汉的庙阙、墓阙尚存28处，分布于四川21处，河南4处，山东3处。有纪年可考的，以四川梓潼李业阙为最早（36），以雅安高颐阙为最晚（209）。这些阙从形式上看有单檐或重檐的正阙，单檐或重檐的子母阙两种。从构造上看四川诸阙如渠县冯焕阙均属仿木的石砌实体，外表刻出斗拱柱枋形象，有的还在基座上刻斗子蜀柱；阙身上部有人物、走兽、车马、四灵等浮雕。

四川渠县汉代冯焕阙（121）

山东嘉祥武氏阙、平邑二阙，河南登封三阙和正阳阙等都是不仿木的石砌体，阙身上刻几何图案，陪衬以人物、车马、动物等浮雕。

阙的类型又可分为两种。一种是独立的双阙，双阙之间不设门，上覆屋顶，这种独立的阙到唐宋时仅用于陵墓，以后就不再用；另一种是门、阙合一的阙，即在双阙之间连以单层乃至三层檐的门楼，可从汉代石刻中见到。北魏壁画中描绘的宫殿正门是在城垣上建三层门楼，左右辅以望楼，城垣再向前转折与双阙衔接，平面成"冂"形。唐代大明宫含元殿左右也突出两阙。阙经宋元演变，到明清时成为北京紫禁城午门的形制。

太室阙

中国东汉嵩山太室祠庙的神道石阙。位于河南省登封市中岳庙前。建于东汉安帝元初五年(118)。现存石阙多为墓阙，太室阙是为数不多的保存完整的庙阙之一（其余两座为同在嵩山的少室阙、启母阙）。1961年国务院公布为全国重点文物保护单位。

阙坐北朝南，双阙间距6.75米，东阙高3.92米，西阙高3.96米。每阙包括连成一体的母阙、子阙两部分，子阙较低，在母阙外侧，均由台基、阙身、阙顶三部分组成。台基湮没于地下，共2层，高0.59米，由素面石条砌成。母阙阙身由8层石条砌成。最上一层作巨斗形，边沿饰波浪纹和二方连续云纹。其下一层为长方形，饰乳钉纹。阙身各面以减地平钑的技法雕刻亭阁建筑、铺首衔环、车马出行、杂技表演、鸡兔鸟鱼、吉祥羊头，及青龙、白虎、朱雀、玄武等，为研究汉代社会生活提供了宝贵的资料。阙顶作庑殿式，脊端雕柿蒂纹瓦当。阙身刻铭剥蚀严重，可辨认的有西阙母阙南面篆书题额"中嶽泰室阳城"6字，北面子阙檐下隶书"元初五年四月阳城□长左冯翊万年吕常始造作此石阙"等字。1949年前曾在石阙外建房保护。1971年以破碎的阙顶石残件对东阙顶部进行了修复。

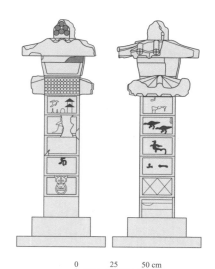

东阙东、西面示意图

东阙

［二十、坊表］

中国古代具有表彰、纪念、导向或标志作用的建筑物，包括牌坊、华表等。

牌坊 一种只有单排立柱，起划分或控制空间作用的建筑，又称牌楼。牌坊和牌楼二词已通用，但仍有区别：在单排立柱上加额枋等构件而不加屋顶的称为牌坊，其来源与古代常用坊门表彰人或事有关。北宋中期里坊制废弛，改用牌坊代替坊门。在单排立柱上加额枋、斗拱等构件，上施屋顶的称为牌楼，这种屋顶俗称为"楼"。常用楼的数目表示牌楼的规模，如一间二柱三楼，三间四柱七楼，三间四柱九楼等。立柱上端高出屋顶的称为"冲天牌楼"。

牌楼建立于离宫、苑囿、寺观、陵墓等大型建筑组群的入口处时，形制的级别较高，屋顶常用庑殿顶或歇山顶。冲天牌楼则多建立在城镇街衢的冲要处，如大路起点、十字路口、桥的两端以及商店的门面，形制的级别较低，屋顶多为悬山顶。前者成为建筑组群的前奏，造成庄严、肃穆、深邃的气氛，对主体建筑起陪衬作用；后者则可以起丰富街景、标志位置的作用。江南有些城镇中有跨街一

明十三陵石牌坊

连建造多座牌坊的，多为"旌表功名"或"表彰节孝"。在山林风景区也多在山道上建牌坊，既是寺观的前奏，又是山路进程的标志。

牌楼可用木、石、琉璃等材料建造，各具特色。木牌楼的构造同中国古代木构建筑类同。石牌楼基本上也是仿木结构。琉璃牌楼则是中有哑巴柱，外包砌砖，门洞处发券，用有雕饰的石作券口；墙身红色，用特制的琉璃面砖镶砌出柱枋形式；斗拱也是琉璃制的。石牌坊以明代、琉璃坊以清代的具有代表性。

华表 为成对的立柱，起标志或纪念性作用。汉代称桓表。元代以前，华表主要为木制，上插十字形木板，顶上立白鹤，多设于路口、桥头和衙署前。明以后华表多为石制，下有须弥座；石柱上端用一雕云纹石板，称云板；柱顶上原立鹤改用蹲兽，俗称"朝天吼"。华表四周围以石栏。华表和栏杆上遍施精美浮雕。明清时的华表主要立在宫殿、陵墓前，个别有立在桥头的，如北京卢沟桥桥头的华表。明永乐年间所建北京天安门前和十三陵碑亭四周的华表是现存的典型；北京文津街中国国家图书馆（分馆）的华表是从圆明园移来的，也是华表佳作。

中国国家图书馆（分馆）华表

表（又称标或望柱）是华表的一种，特点是柱顶不设云板。常立于墓道的前端作为入口标志，故又称墓表。南朝陵墓的表是石制的，上有牌，刻某某"神道"。唐宋时演变为顶上有火珠的八角石柱，在唐宋陵中都可看到。在明清演变为神道南端的一对云纹八角柱。

飞阁流丹　中国古代建筑类型

[二十一、影壁]

建在院落的大门内或大门外，与大门相对作屏障用的墙壁。又称照壁、照墙。影壁能在大门内或大门外形成一个与街巷既连通又有限隔的过渡空间。

影壁古称门屏，实物最早见于陕西省岐山县凤雏早周遗址。据先秦史料，当时天子的门屏建在门外，诸侯的建在门内。唐代史料提到影壁，出土的唐代住宅明器群中也有影壁。宋代绘画中画有在大门内外建影壁的图像。现存大量实物则是明清两代的。

明清时代影壁从形式上分有"一"字形、"八"字形等。北京大型住宅大门外两侧多用八字墙，与街对面的"八"字形影壁相对，在门前形成一个略宽于街道的空间；门内用"一"字形影壁，与左右的墙和屏门组成一方形小院，成为从街巷进入住宅的两个过渡。南方住宅影壁多建在门外，一些巨宅甚至在大门两侧相向建过街门洞，与影壁结合，形成类似通道小广场的空间。砖砌影壁主要可分壁座、壁身、壁顶三部分。壁座又称下碱，一般为砖砌，考究的用磨砖砌成须弥座。

北京北海九龙壁

壁身用磨砖做出枋柱形，中间墙面45°斜向镶砌方砖，中心和四角加砖雕花饰称"中心四岔"。有的壁身中间以吉祥语牌代替花饰。壁顶有庑殿式、歇山式、悬山式、硬山式等，前二者用于宫殿、寺庙。小型住宅于门内建曲尺形屏墙，下碱以上用粉墙，墙头做花瓦顶，砌古钱等花样。有的影壁不占地面，仅在厢房山墙上作出檐和花饰，称跨山影壁。农村住宅影壁还有用夯土或土坯砌筑的，上加瓦顶。宫殿、寺庙的影壁多用琉璃镶砌。明清宫殿、寺庙、衙署和第宅均有影壁，著名的山西省大同九龙壁就是明太祖朱元璋之子朱桂的代王府前的琉璃影壁。北京北海和紫禁城中的九龙壁也很有名。

［二十二、台榭］

中国古代将地面上的夯土高墩称为台，台上的木结构房屋称为榭，两者合称为台榭。从春秋至汉代的六七百年间，台榭是宫室、宗庙中常用的建筑形式。

简单的台榭只是在夯土台上建造的有柱无壁、规模不大的敞厅，供眺望、宴饮、行射之用。春秋时期，各国的宫室、宗庙竞相追求雄伟的建筑形象，但当时的木结构建筑水平尚低，不能解决大体量建筑物的高度和整体稳定性等问题，因而凭借夯土作为构造手段，采用以阶梯形夯土台为核心、倚台逐层建房的方法，以取得比较宏大的外观。台榭还同时具有防潮和防御的功能。

春秋晋都新田遗址、战国燕下都遗址、邯郸赵国故城遗址、秦咸阳宫遗址等，都保留了巨大的阶梯状夯土台，其高度有的达到十余米，长度有的超过百米。西

昆明翠湖公园观鱼楼

汉明堂辟雍遗址留有两层方形夯土台。另外，战国台榭的形象还可在战国刻纹铜器上看到。

　　汉以后基本上不再建造台榭式的建筑，但仍在城台、墩台上建屋。北京团城、安平圣姑庙等，都可视为台榭的变体。榭还指四面敞开的较大的房屋。唐以后又将临水的或建在水中的建筑物称为水榭，但已是完全不同于台榭的另一类型建筑。

［二十三、塔］

　　供奉或收藏佛骨（舍利）、佛像、佛经、僧人遗体等的高耸型点式建筑，又称"佛塔""宝塔"。塔起源于印度，中国古代据梵文 stupa 和巴利文 thupo 音译为"窣堵波"和"塔婆"，简称塔，也常称为"佛图""浮屠""浮图"等。"窣堵波"的原意是坟或宗庙。释迦牟尼逝世后，各地弟子筑坟分藏他的舍利，以为纪念，窣堵波遂成为佛教建筑的一种形式。汉末三国之际，丹阳人笮融"大起浮图，上累金槃，下为重楼"，是中国造塔的最早记载，所造的塔当为楼阁式。此后陆续又有新的佛教建筑形式传入中国，如"支提""大精舍""瓶式塔""金刚宝座"等。它们同中国固有的建筑技术和形式相结合，衍化出多种类型，塔遂成为中国古代建筑中数量极大、形式最为多样的一种建筑类型。

藏佛舍利的塔在早期是佛教信徒的崇拜主体，建于佛寺的中心位置。后来建佛殿供奉佛像，出现了中轴线上塔、殿并重或塔在殿前的布局，如北魏建造的洛阳永宁寺。东晋出现殿前双塔并列作为陪衬的布局。唐代开始有建塔院的做法。宋代有的佛寺将塔建于殿后。元代以后多数佛寺中只建佛殿而不建塔。塔的重要性逐渐下降，而被佛殿所取代。

印度的窣堵波是由台基、覆钵、宝匣、相轮四部分组成的实心建筑。中国塔一般由地宫、塔基、塔身、塔顶和塔刹组成，地宫藏舍利，位于塔基正中地面以下。塔基包括基台和基座。塔刹在塔顶之上，通常由须弥座、仰莲、覆钵、相轮和宝珠组成，也有在相轮之上加宝盖、圆光、仰月和宝珠的塔刹。这些形制是由窣堵波演化而来的。

中国现存塔2000多座。按性质分，有供膜拜的藏佛物的佛塔和高僧墓塔；

应县木塔

飞阁流丹　中国古代建筑类型

按所用材料可分为木塔、砖塔、石塔、金属塔、陶塔等；按结构和造型可分为楼阁式塔、密檐塔、单层塔、喇嘛塔和其他特殊形制的塔。

楼阁式塔　从中国固有的楼阁发展而来，仅顶部有窣堵波式的刹。最初为木塔，完全按木结构原则建造。唐代砖、石塔渐多，不同程度地仿木塔形式，塔身每层都砌出柱、额、门、窗的形式。各层面宽和高度自下而上逐层减小，楼层辟门窗，可以登临眺望。晚唐以前，塔的平面以方形为主。宋、辽时期，塔的平面多为八角形，偶有六角形的。到唐代为止，砖塔为单重塔壁，楼板和扶梯均为木制。从宋代起多为双重塔壁，两壁之间设有梯级和走廊。早期的塔仅有简单的台基，无基座。宋代开始，渐用基座。唐代塔身多用方柱或八角柱支承，柱间只有阑额。宋辽两代多用圆柱，阑额上用普拍枋。南北朝至唐代的砖石塔不砌出平坐，五代、宋、辽、金砌出平坐。楼阁式塔现存著名实例有唐建西安大雁塔、兴教寺玄奘塔、五代建苏州云岩寺塔、宋建杭州闸口白塔、开封铁塔、开元寺塔（定州）、当阳玉泉寺铁塔。辽建应县木塔是现存唯一的多层木结构塔。

密檐塔　塔的底层最高，第二层起层高骤然减低，形成层檐密接形式。唐代的密檐塔为方形平面，叠涩出檐，逐层收分，外轮廓呈梭形，单层塔壁，木楼板上设木梯以供攀登。至金代，密檐塔外形仍相似，但檐下装饰增多，内部用砖砌磴道。明清则多为实心的墓塔。另有一种八角形平面的密檐塔在辽代盛行，基台之上设布满雕饰的须弥座和莲台，塔身为砖砌实体，底层四面雕假门而内置佛像，门两侧雕力士，门券上雕飞天、伞、盖等，并有仿木构的柱、额、斗拱等。塔柱在辽代多用圆形、八角形柱，金代则喜用塔形柱。密檐塔现存著名实例有：北魏建登封嵩岳寺塔、唐建西安小雁塔、北京云居寺金仙公主塔、大理崇圣寺千寻塔，

小雁塔

五代建南京栖霞寺舍利塔，辽建天宁寺塔（北京），金建辽阳白塔等，都是砖石塔。

单层塔 墓塔多为这种形式。早期为石造，平面呈四方形，仅有基台，不筑基座。唐代开始有八角或六角形平面的，用条砖叠涩砌双层须弥座基座，束腰部分做壸门。宋、金两代多用枭混砖，明代开始减为单层须弥座，底边用圭角。唐代的塔身中空，唐以后多为实心砌体。著名实例如隋建历城神通寺四门塔，唐建北京云居寺石塔群、登封会善寺净藏禅师塔等。

喇嘛塔 元代开始在内地大量建造，明清续有修建。它由双层塔座、瓶形塔身和塔刹组成。塔身涂白色，俗称"白塔"。台座多呈"亞"字形，元代和明代用双层台座，清代用单层。元代的塔脖子较粗，明清逐渐改细。清代在塔正面辟"眼光门"，置佛像。著名实例如元代所建的北京妙应寺白塔，明代重修的山西五台山塔院寺白塔等。

山西五台山塔院寺白塔

金刚宝座塔 仿印度佛陀

广惠寺华塔

伽耶大塔的形制，下为方形高台，上置五座塔，中心一座最高大。现存著名实例有明建北京正觉寺金刚宝座塔和清建内蒙古呼和浩特燃灯寺塔。

华塔 又称花塔，是单层塔。顶上有许多小佛龛、佛像、动物雕塑等，有如一束花朵。现存实例如辽代所建北京房山孔水洞附近的花塔，还有河北正定广惠寺华塔。

飞阁流丹 中国古代建筑类型

过街塔　建在门墩上，下有门洞可通行。著名实例如元代所建北京昌平居庸关过街塔和元末明初所建镇江昭关石塔。

傣族佛塔　有"亞"字形基座，塔身修长，周围衬以小塔和怪兽雕塑。著名实例为云南潞西凤平大佛殿塔。

崇圣寺千寻塔

在中国云南省大理市苍山之麓、洱海之滨，是崇圣寺现存三塔中最高的一座，原位于寺的前部，现寺已不存。崇圣寺三塔俗称大理三塔，1961年定为全国重点文物保护单位，为唐代密檐塔中的佳作。

千寻塔的建造历史，有几种不同的记载。根据云南当时的政治经济情况以及佛教传播到云南的时间研究，以清代王崧《南诏野史·丰祐传》所述建于唐开成元年（836）之说较为可靠。1979年维修时，在塔顶刹基内发现了大

大理三塔

批佛像、写经、法器、乐器、小塔、金银器皿等文物，还有相当于公元1000年、1142年、1154年的银牌，证明大理国时期曾对此塔进行大规模修缮。

千寻塔平面呈正方形。在第一层高大的塔身以上，设置密檐16层，从塔下台座至刹顶总高66.15米，塔身为空筒式。其结构形制与西安小雁塔极为相似。塔下有两重台基，台上塔身每面宽9.88米。塔的外形优美，塔檐16层，是中国古塔中罕见的例子。

千寻塔的建筑形制和出土的文物，同唐代中原地区的建筑与文物极为相近，反映了当时中国各民族之间文化交流的密切情况。千寻塔之西有两座小塔，南北对峙，相距97.5米，与千寻塔相距70米，三塔鼎足而立。两小塔均为八角形，是10层密檐式砖塔，高为39.42米，建造时代略晚，当为大理时期（宋代）。

［二十四、幢］

用石建造，上刻陀罗尼经文的柱形建筑物。幢身一般为八棱形。

按佛教之说，在幢上书写经文，可以使靠近幢身或接触幢上尘土的人得到超脱。中国汉魏时期，幢出现在车行仪仗和佛教仪式中，一般是在立竿上悬挂单层或多层伞盖状丝织物，伞盖四周装饰有垂幔、飘带。以后，开始在幢幔上书写经文就成为经幢，经幢多以石制。初唐的石幢以镌刻经文为主，形体简朴硕壮。中唐以后，逐渐模仿丝织物的形状，建造多段石柱和多层盘盖相间叠加的石幢，

松江唐陀罗尼经幢

飞阁流丹　中国古代建筑类型

并在盘盖四周雕出垂幔、飘带、花绳等，如建于唐大中十三年 (859) 的松江唐经幢是上海地区最古老的雕刻建筑。历五代至北宋，石幢的雕刻内容日益丰富，花纹装饰日趋华丽，但经文所占比例却日渐减少。据记载，宋代还在刑场立陀罗尼经幢，其意是为受刑者超度。石幢大多建于佛教寺庙。现存石幢中有年代可考的以广州光孝寺大殿前的石幢为最早，建于唐代宝历二年 (826)；以建于宋宝元元年 (1038) 的河北赵县陀罗尼经幢为最高大，而且造型优美，是宋代石幢的典型作品。

赵县陀罗尼经幢

中国现存最高大的石经幢。在河北省赵县（古赵州）城开元寺（寺已不存）内。北宋景祐五年 (1038) 建。经幢层次多而轮廓秀美，雕刻精致，显示了宋代建筑艺术和石雕的高度水平。1961 年被国务院列为全国第一批重点文物保护单位。

幢高约 15 米。基座有三层，底层为正方形平面的低平须弥座，边宽约 6 米，由覆莲、束腰和上下两层叠涩组成，束腰每面用束莲柱分成三间，刻金刚、力士和火焰式拱门；第二层为八角形平面的须弥座，上下叠涩各三层，束腰用

陀罗尼经幢

角柱，角柱间浮雕菩萨、伎乐等；第三层平面也是八角形，下为覆莲，上面雕成一圈回廊，每面分三间，刻有佛本生故事的浮雕。幢身最下为宝山，刻有龙和宫殿。上面叠置三段满刻陀罗尼经文的八角形幢柱。再上为八角形佛龛、盘龙短柱和素面短柱，共为六层。下二层为八角璎珞宝盖上加仰莲；第三层

陀罗尼经幢基座

为刻有释迦游四门故事的八角城阙；第四层为带斗拱的屋檐，与其下的佛龛构成八角形小殿；第五层为八角雕饰物；第六层为屋顶形饰物。各层幢柱的直径和高度向上递减，各层雕饰带也逐层变小，形成上收的幢身。幢身最上层的八角素面短柱和屋顶可能不是宋代原物。宝顶由仰莲、覆钵和铜制火珠组成，已不是宋代原物。

［二十五、民居］

先秦时代，"帝居"或"民舍"都称为"宫室"。从秦汉起，"宫室"才专指帝王居所，而"第宅"专指贵族的住宅。汉代规定列侯公卿食禄万户以上、门当大道的住宅称"第"，食禄不满万户、出入里门的称"舍"。近代则将宫殿、官署以外的居住建筑统称为民居。

中国木构架体系的房屋在新石器时代后期就已经萌芽。公元前5000～前3300年的浙江省余姚市河姆渡文化第四层遗址反映出当时木构技术水平。公元前第5千纪的陕西省西安半坡遗址和仰韶文化遗址显示了当时村落布局和建筑情况。河北省藁城台西商代居住建筑遗址和河南省安阳殷墟宫殿遗址，说明依南北向轴线、用房屋围成院落的中国建筑布局方式已经萌芽。陕西省扶风发掘的周原建筑遗址更证明了公元前11世纪时四合院布局已经形成。春秋时代士大夫阶层的住宅在中轴线上有门和堂，大门的两侧为门塾，门内为庭院，院内有碑，用来测日影以辨时辰。正上方为堂，是会见宾客和举行仪式的地方，堂设有东西二阶，供主人和宾客上下之用。堂左右为厢，堂后部为室。汉代住宅除有前后堂外，贵族住宅还有园林。平民有"一堂二内"的住屋形制,贱民有"白屋之制"。而豪强地主则筑"坞堡",是有坚固防卫设备的住宅。从四川汉墓的画像砖、山东的画像石以及安平汉墓壁画等间接材料上可以看出,汉代住宅除有门有堂之外,还有回廊、阁道、望楼、庖厨以及园林等。魏晋南北朝时期的大住宅仍沿用前后堂制,第宅内有廊、庑、楼阁、园林等。唐代六品以上官员的住宅通用乌头门,敦煌石窟壁画上的唐代大型住宅平面为长方形,外环墙壁或廊庑,房屋多为三开间,明间开门,堂和大门间有回廊相连。从《清明上河图》《千里江山图》等可以见到

《千里江山图》

宋代的农村茅屋、城镇瓦房等各种住宅和穹庐、毡帐形象。屋顶已有多种形式,细部、装修等也很丰富。元代住宅除从永乐宫壁画上略有所见外,北京考古发掘出的后英房元代住宅遗址中有"工字厅"形制。明代在第宅等级制度方面有较严格的规定。一二品官厅堂五间九架,九品官厅堂三间七架,庶民庐舍不逾三间五架,禁用斗拱、彩画。江苏、浙江、安徽、江西、山西等省均遗存有完好的明代住宅。清代对于住宅的等级限制略有放松,对房屋架数没有规定。现今清代住宅遗存尚多,且在继续使用。近百年来民间建造住屋仍多沿用传统方法,采用木构架庭院式。至迟从战国末年起,"风水"说开始对建造住宅从选地布局到房屋朝向、尺寸等产生影响,其中也不乏一些以"风水"面貌出现的合理因素。《鲁班经》是中国古代阐述造屋的书,谈风水处颇多,在民间广为流行,产生很大影响。

中国各地区、各民族现存的民间住宅类型,可归纳为下列几类。

木构架庭院式住宅　中国传统住宅的最主要形式，数量多，分布广，为汉、满、白等民族大部分人及其他少数民族中的一部分人使用。这种住宅以木构架房屋为单体，在南北向的主轴线上建正厅或正房，正房前面左右对称建东西厢房，形成次要的东西向轴线。由这种一正两厢组成的院子，即通常所说的"四合院""三合院"。较大住宅可沿纵轴线设两三个以至多个这种"一正两厢"格局，形成多进院。更大的住宅可以几个多进院并列，并附带花园。正房的间数必须为奇数，而且明间宽于次间，门开在明间，以突出中轴线。正房或正厅无论在尺度上、用料上、装修的精致程度上都大于、优于其他房屋。长辈住正房，晚辈住厢房，妇女住内院，来客和男仆住外院，符合中国封建社会家庭生活中要区别尊卑、长幼、内外的礼法要求。这种形式的住宅遍布全国城镇乡村，但因各地区的自然条件和生活方式的不同而各具特点。

四合院。以北京的四合院为代表。河北、山东和东北地区也居住这种房屋。北京的四合院住宅又称"四合房"，完全按上述原则布局。以三进院的四合院布

北京四合院

局为例，因受"风水"说的影响，大门不开在轴线上，而开在八卦的"巽"位或"乾"位。所以路北住宅的大门开在住宅的东南角上，路南住宅的大门开在住宅的西北角上。大门内外设影壁，进门为第一进院，坐南朝北的房称南房，作外客厅和杂用。在中轴线上开二门，通常做成华丽的垂花门，二门以内为第二进院，即主要的院子，坐北朝南的北房为正房，是全宅中最高大、质量最好的，供家长起居、会客和举行仪礼之用。正房一般为三开间，两侧各有一或二间较为低小的耳房，通常作卧室用。正房前左右对峙的东西厢房，通常供晚辈居住或作饭厅、书房用，东厢房的耳房常作厨房用。从垂花门到各房有廊互相连通。从东耳房夹道进后院——第三进院，这排房称后罩房，供妇女居住和存放东西用。北京四合院的院子比例大小适中，冬天日照可入室，庭院是户外活动场地。东北地区的四合院，院子更宽阔，以便更充分地接受日照。山西、陕西等地的院子则较狭窄，是为了防避过多的西晒。四合院房屋结构为抬梁式构架，屋顶极厚苫背，上铺阴阳瓦。山墙和后檐也是很厚的砖墙或土坯墙。前檐下部为坎墙，上部为窗。室内多为砖墁地。平面布局和建筑做法都考虑到适应北方比较寒冷干燥的气候。

"四水归堂"式住宅。江南地区的住宅名称很多，平面布局同北方的四合院大体一致，只是院子较小，称为天井，仅作排水和采光之用（"四水归堂"为当地俗称，意为各屋面内侧坡的雨水都流入天井）。大门多开在中轴线上，第一进院正房常为大厅，院子略开阔，厅多敞口，与天井内外连通。后面几进院的房子多为楼房，天井更深、更小些。"四水归堂"式住宅的单体建筑也是奇数开间，结构为穿斗式构架，墙壁底部常用石板墙，其余用空斗砖墙或编竹抹灰墙，墙面多刷白色，并有各种式样的防火山墙。前檐全为木装修。屋顶不苫背，铺小青瓦。室内多以石板铺地，以适合江南温湿的气候。江南水乡住宅往往临水而建，前门通巷，后门临水，每家自有码头，供洗濯、汲水和上下船之用。

"一颗印"式住宅。云南省的"一颗印"式住宅可以作这类住宅的代表，在湖南等省称为"印子房"。这类住宅布局原则与上述四合院大致相同，只是房屋转角处互相连接，组成一颗印章状。单体建筑为木构架，土坯墙，多绘有彩画。

住宅平面布局虽然单调，但因多为楼居，正房与厢房大小高低颇有变化，构成具有风采的形体。

大土楼。闽西、闽南人聚居的住宅，为环形或方形的楼房，一般为 3～4 层，最高为 6 层。大环形土楼占地直径最大的达 70 米，可住 50 多户人家。庭院中有厅堂、仓库、畜舍、水井等公用房屋。楼房外墙夯土厚度 1～1.5 米。结构为木构架。内檐木装修讲究，有线

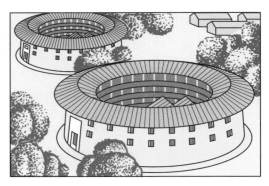

土楼

条优美、出檐很深的瓦屋顶。底层和二层朝外都不开窗，多用作仓库。三层以上朝外开小窗，多用作居室。大门牢固，上设防火水幕，防卫性很强。是闽西客家人和闽南南靖等地人独特的建筑形式，至今仍在使用。2008 年，福建土楼作为文化遗产被列入《世界遗产名录》。

土楼

飞阁流丹 中国古代建筑类型

窑洞式住宅　主要分布在河南、山西、陕西、甘肃、青海等黄土层较厚的地区。利用黄土壁不倒的特性，水平挖掘出拱形窑洞。这种窑洞节省建筑材料，施工技术简单，冬暖夏凉，经济实用。窑洞一般可分为三种。

　　靠山窑。利用垂直的黄土壁面开洞，向纵深挖掘，进深最大的可达20米。也可以数孔并列，互相穿套；或者叠层开挖，宛如楼层。

　　平地窑。在平地上按需要的大小和形状，垂直向下挖出深坑，成为院子，再从坑壁向四面挖靠山窑洞，布局原则同四合院。在入口处挖成隧道式的或开敞式的阶梯通出地面。院子内设渗井排水。窑洞顶上是自然地面，可以行人走车，也可耕种，节约土地。

陕西平地窑洞

　　砖窑、石窑或土坯窑。布局与一般庭院相同，只是单体建筑是用砖或石、土坯发券建成窑洞的形式，盛行于山西、陕西等地。

　　干栏式住宅　主要分布在云南、贵州、广东、广西等地区，为傣族、景颇族、壮族等的住宅形式。干栏是用竹、木等构成的楼居。它是单栋独立的楼，底层架空，用来饲养牲畜或存放东西，上层住人。这种建筑隔潮，并能防止虫、蛇、野兽侵扰。

云南傣族竹楼

傣族竹楼以具有家庭活动用多功能的平台为特点，当地称平台为"展"。景颇族竹楼以长脊短檐式屋顶为特色，壮族的"麻栏"则比较接近木构建筑。

碉房 青藏高原的住宅形式。当地并无专名，外地人因其用土或石砌筑，形似碉堡，故称碉房。碉房一般为2～3层。底层养牲畜，楼上住人。平面多为外部一大间，内套两小间，层高较低。结构为一间一根柱，俗称"一把伞"。外墙下宽上窄，有明显收分，朝南卧室常开大窗，实墙都是材料本色，外观朴素和谐。厕所常设在楼上，并向外悬挑。大型碉房内有小天井采光，高的达4～5层。有一种高20～30米的高碉，作为储存贵重物品和眺望守卫之用。

西藏碉房

毡帐 过游牧生活的蒙古、藏等民族的住房形式，是一种便于装卸运输的可移动的帐篷。

蒙古包。蒙古族住的毡帐称"蒙古包"，平面多圆形，用木枝条编成可开可合的木栅做壁体的骨架，用时展开，搬运时合拢。用细木椽组成穹窿顶的木骨架，用牛皮绳绑扎骨架。用绳索束紧骨架外铺盖的羊皮或毛毡。小型的毡帐直径为4～6米，内部无支撑，大型的则需在内部立2～4根柱子支撑。毡帐的地面铺有很厚的毡毯，顶上开天窗，地面的火塘、炉灶正对天窗。

帐房。藏族住的毡帐称"帐房"。帐篷是用黑牦牛毛织成的。帐篷内立几根木柱支顶，四周用牦牛毛绳悬拉帐篷，使之固定。平面为方形，中部设炉灶，两侧铺羊皮、毛毯，男左女右席地而坐。

"阿以旺"　新疆维吾尔族的住宅形式。土木结构，密梁式平顶，房屋连成一片，庭院在四周。带天窗的前室称阿以旺，又称"夏室"，有起居、会客等多种用途。后室称"冬室"，是卧室，通常不开窗。住宅的平面布局灵活，室内设多处壁龛，墙面大量使用石膏雕饰。

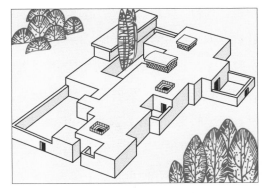

新疆维吾尔族"阿以旺"

　　其他　中国还存在不少比较特殊的住宅形式，如水上居民的"舟居"，林区居民的井干式结构住房，以及鄂伦春族的"仙人柱"等。

［二十六、佛寺］

　　中国古代佛教僧侣供奉佛像、佛骨（舍利），研修佛经，进行宗教活动和居住的处所。

　　渊源　中国的佛寺是随着佛教的传入而出现的，历史上曾有浮屠祠、浮图寺、

白马寺

招提、兰若、伽蓝、精舍、道场、禅林、庙、寺等名称，到明清时期通称为寺。还有一种称为庵的，多指尼姑所居之寺院。"寺"原是汉代的一种官署。东汉明帝时，天竺（古印度）僧摄摩腾等携佛教经像来洛阳，最初被安置在专司接待宾客的鸿胪寺中，后兴建安置僧人的白马寺，寺仍含有接待宾客之意，此后沿用为佛教庙宇的专用名称。佛教在中国流传近2000年，佛寺也融入中国传统建筑体系之中。印度佛寺以供奉佛舍利的塔（窣堵波）为主体，中国佛寺在汉魏时期多数仍以塔为主体，但自北魏中期以后，基本是由佛殿、讲堂、经藏、僧舍、厨库等木构房屋组成，重要佛寺另建佛塔；也开凿石窟供佛，但都与木构殿堂结合。东晋以后，某些佛寺建于风景幽美的山林中，成为供人游览的名胜。唐代佛寺为吸引信徒，佛寺中出现了戏场舞台。宋以后许多佛寺又成为集市场所，出现了"庙会"，佛寺具有更多的公共建筑性质。元代藏传佛教传入内蒙古及北方地区，出现了此教特有的佛寺类型。

中国佛寺的发展大体上可分为四个阶段。

东汉至东晋（约1～4世纪） 此时佛教流行于帝王贵戚中间，礼佛被看作一种祠祀行为。佛教的主体是塔，当时称塔为浮图、浮屠或佛图，都是梵语佛——Buddha的音译，因而佛寺被称为浮图祠。汉桓帝于宫中立"黄老浮图之祠"；汉献帝时笮融在徐州建浮屠祠，"垂铜盘九重……下为重楼"；

佛教石窟寺艺术

东晋兴宁中在建康建瓦官寺"止塔堂而已"。据《魏书·释老志》载："自洛中构白马寺，盛饰佛图，画迹甚妙，为四方式。凡宫塔制度，犹依天竺旧状而重构之。"可见以塔为中心的"宫塔"式，是当时佛寺的主流。但西晋以前佛寺数量不多，洛阳附近有寺42所。十六国时期的后赵、前秦和南迁的东晋，佛寺数量骤增，仅后赵时佛图澄（232～348）所立即有893所。东晋时已开始有贵族舍宅

飞阁流丹

中国古代建筑类型

为寺，并出现了山林寺院。

南北朝（约 4 ～ 6 世纪） 此时中国前后出现了九个王朝，各朝佛寺都有巨大发展。北魏太和时 (477 ～ 499) 境内有寺 6478 所，末年首都洛阳有寺 1367 所；北齐邺城有寺 4000 余所。南朝梁时佛教最盛，有寺 2846 所。此时佛寺有两种主要类型：一是沿用汉魏时期以塔为中心，或塔后立堂，周绕回廊的旧制，以洛阳永宁寺为代表；二是宫室第宅型，多数是贵戚高官舍宅为寺，也有的改造官衙为寺。据《洛阳伽蓝记》记载，宅第为寺者"以前厅为佛殿，后堂为讲堂"，有些还带花园，该书记载的约 50 座佛寺中，以塔为中心的宫塔型约占 1/4，第宅型约占 1/3。此外，北朝还盛行开凿石窟寺，寺前兴建殿宇，南朝则有不少山林佛寺。

隋唐五代（约 6 世纪后期 ～ 10 世纪中期） 北朝周武帝"灭法"，隋灭南朝陈，南北朝佛寺大多被毁。以后隋朝又倡佛教，37 年中有寺 3985 所。唐代自高宗、武则天开始崇信佛教，寺院骤增，至武宗会昌时"灭法"，除河北四镇外，共拆毁大寺 4600 余所，民间小寺（兰若、招提）40000 余所。

其后佛教又兴。五代后周显德二年 (955)，周世宗下诏废除无敕额寺院计

甘肃拉卜楞寺 (1709 年建，位于甘南藏族自治州夏河县)

33036 所，保存 2694 所。据此可见，这一时期全国佛寺大体在四五千所。隋唐以后佛教完全本土化，佛寺形制也完全融入传统的宫室建筑中，只是塔的位置仍有一些还置于寺院正中。此时期佛寺有两个显著特点：一是规模很大，如长安大慈恩寺有十余院，房 1897 间；西明寺有 10 院，房 4000 余间；成都大圣慈寺有 96 院，8500 区。再是寺院布局大者模仿都城，较小的模仿宫殿府邸，讲求等级区别。如唐高宗时道宣撰《关中创立戒坛图经》和《中天竺合卫国祇洹寺图经》，两经所附的佛寺构想图都明显体现为一座里坊制都城和宫室的规制。寺南正中设山门（三门），轴线贯通南北；东西大门间有大道，道北正中为寺院主体，布置门、殿、阁、塔，绕以回廊；主体两侧及东西大道以南布置里坊或诸"院"，院中殿宇或供佛菩萨，或为僧尼居士修习生活场所。佛寺的主要建筑中，塔多为五重木塔，主体建筑除单层大殿外，又盛行多层大阁，周围绕以回廊，同时有钟楼、经楼对峙。中唐以后密宗兴起，寺院中出现了体现坛城（曼荼罗）形象的殿阁。禅宗虽然主张"不立佛殿，唯树法堂"，但仍不能完全摆脱宫室格局，只是特别加大了讲经修行的法堂，出现了众僧共居一室的大型僧堂。

宋代至清末（约 10 世纪中期～ 20 世纪初期）　　后周"灭法"后，佛教始终未能恢复以前的盛况，佛教的社会作用大为降低。北宋和辽代的一些大型佛寺基本上仍沿用唐代的格局，如燕京悯忠寺（今法源寺）和开封大相国寺：前为三门，内有一重至数重殿；后为阁，前方东西侧各有塔，主体两侧各有若干个院。《东京梦华录》载，大相国寺庙会已是一个衣食器用、图书文玩、医卜星相、飞禽走兽等无所不包的大市场。"庙会"成为集市的一种重要形式，延续至近代，但只是利用殿庭和廊庑临时设摊，并不影响佛寺建筑布局。宋代禅宗兴盛，南宋著名大寺"五山十刹"，都是禅宗的寺院。禅宗佛寺布局有"伽蓝七堂"说，具体内容说法不一。宋代史料记载，径山兴圣寺中为正殿、三门，以长廊楼观连接，前面有钟楼，下层为观音殿；另有法堂、方丈、库堂、云堂香积厨等建筑。天童山景德禅寺有三门、卢舍那阁、起诸有阁等建筑。这两寺都属"五山"之列。但从现存元代王蒙《太白山图》所绘的天童寺看，寺的中轴线上依次为三门、正殿、后殿，以回廊围成殿庭。三门为楼阁，内有二楼对峙，后殿也有二楼对峙，疑是钟鼓楼或藏经阁；殿庭两侧各有数"院"。布局仍是唐和北宋以来的传统形式。但现存五山十刹已经过多次改建，都是明清以后的建筑。明代以后佛寺布局又有变化，主体建筑有山门，门内左右有钟鼓楼，原三门处改为天王殿，内为大雄宝殿、东西配殿，后为藏经阁。从天王殿至藏经阁，以廊庑、配殿围成殿庭，与唐宋用回廊者不同。大型寺庙两侧仍有小院，最后部分并列三个院，中央为"大悲阁"，左右为方丈院。现存的山西太原崇善寺（明初建）、北京智化寺（明正统八年建）、碧云寺、卧佛寺都是如此。明代以后建筑的地方特征逐渐显著，无论是空间格局或是建筑风格，都有明显的差异，华北、江南、岭南、闽东、西南等地各不相同。北宋以来，大寺中多供罗汉。开封大相国寺曾塑五百罗汉，供于三门的上层。明代以后发展为"田"字形平面的罗汉堂，多在寺侧另辟一院，不影响全寺整体布局。

藏传佛教寺院的沿革和形制　从元代起出现了佛寺的新类型，它的兴建同藏传佛教传入内地有关。佛教在 7 世纪中叶传入吐蕃（西藏），8 世纪中叶吐蕃王赤松德赞迎请高僧莲花生入藏传教。因教中高僧称喇嘛（意为"超人"），所以这种佛教被称为喇嘛教。他又按密宗金刚界曼荼罗形制创建桑耶寺（又称三摩耶庙）。喇嘛教几经起落，至元代大盛。八思巴被元世祖忽必烈拜为国师，主管全国宗教事务，喇嘛教也成为蒙古族、藏族的主要宗教。明末清初，宗喀巴所创喇嘛教格

桑耶寺

鲁派（黄教）占统治地位，受到明清两朝特别是清朝皇帝的信任，势力更盛。乾隆时以喇嘛教为国教，尊活佛为国师。到清代中叶，黄教在藏族地区已有寺院约4000所，喇嘛达36万人；内蒙古有寺院约1000所，喇嘛约10万余人。

按喇嘛教规，大型寺院实行"四学"制，建有四扎仓（经院），分别修习经义、仪轨、历算和医药。各扎仓都是大型经堂建筑，其中修习显宗的扎仓为入寺喇嘛共用，规模特大，称为都纲（大经堂）。扎仓以外，寺内设有专为供奉各种佛像的拉康（佛殿）、各级活佛像的囊谦（公署）、辩经坛、印经院、"嘛呢噶拉"殿或廊、塔（藏经塔或纪念塔）以及大量的喇嘛住宅。藏族地区的喇嘛教寺院一般依山就势建造，扎仓和囊谦相对集中；蒙古族或邻近城镇的寺院，多受汉族传统建筑影响，按纵中轴线布局，比较规整。著名的喇嘛教寺院有西藏的萨迦寺、布达拉宫、扎什伦布寺、哲蚌寺、色拉寺，青海的塔尔寺，甘肃的拉卜楞寺，内蒙古的席力图召、五当召，北京的雍和宫，承德外八庙等。

喇嘛教特别注重修法仪轨。修法、受戒、驱妖时要筑曼荼罗。曼荼罗即法坛，又名曼陀罗、坛城、阃城，基本上是十字轴线对称、方圆相间、"井"字分隔的空间。在"井"字分隔成的九个空间或相间隔的五个空间里，按各种曼荼罗的要求布置佛菩萨，再现佛经中描述的世界构成形式。曼荼罗运用到建筑上，有的成为寺庙总体的构图，如西藏桑耶寺，承德普宁寺后部、普乐寺后部等；有的成为佛殿的造型式样，如北京雍和宫的法轮殿，承德普宁寺的大乘之阁等。

塔尔寺

中国藏传佛教格鲁派寺院，又作金瓦寺、塔儿寺。意为"十万佛像"或"十万狮子吼佛像的弥勒寺"。位于青海省湟中县鲁沙尔镇西南隅。与哲蚌寺、色拉寺、甘丹寺、扎什伦布寺、拉卜楞寺合称格鲁派六大寺院。明嘉靖三十九年(1560)，为纪念诞生于此的格鲁派创始人宗喀巴而建。万历五年(1577)和十一年两次扩建，成为格鲁派在甘肃、青海的主要寺院。最早的建筑及中心建筑为菩提塔和菩提塔殿（俗称大金瓦殿）。大金瓦殿，因屋顶覆鎏金铜瓦得名。殿始

塔尔寺八大如意塔

建于明洪武十二年 (1379)。殿中央矗立一座大银塔（菩提塔），高十一米，相传为宗喀巴出生时，家人为其埋葬胎衣之处。殿内莲台上有塑、铸、绘画、堆绣的佛像。殿两侧各有弥勒佛殿一座。其他重要建筑有：

小金瓦殿，为塔尔寺的护法神殿。建于明崇祯四年 (1631)。殿内有金刚力士佛像十余尊。院内两侧及前方有两层藏式建筑的壁画廊。

大经堂，是塔尔寺佛事活动最集中的地方，亦即集体礼佛诵经的场所。初建于明万历三十九年 (1611)，后经几次扩建。1913 年遭火灾，1917 年重建。为塔尔寺之最大建筑。

大经堂下设四大扎仓（经院）：①参尼扎仓（显宗学院），成立于明万历四十年 (1612)；②居巴扎仓（密宗学院），成立于清顺治六年 (1649)；③丁科扎仓（时轮学院），成立于清嘉庆二十二年 (1817)；④曼巴扎仓（医学院），成立于清康熙五十年 (1711)。

九间殿，建于明天启六年 (1626)，是供奉五方如来的地方。殿内有块数百斤重的黑色大石，上有一个脚印及一对手印，传说系宗喀巴所留。

八大如意宝塔，是八座同等大小、并列于塔尔寺入口处的宝塔，各高6.4米，均建于清乾隆四十一年 (1776)。为纪念释迦牟尼一生中之八大功德。

塔尔寺建筑群

　　大拉浪，亦称大方丈室，在塔尔寺最高处，建于清顺治七年(1650)。是塔尔寺法台（住持）的居处，也是达赖喇嘛、班禅额尔多尼来塔尔寺时的住地。

　　每年农历正月、四月、六月、九月间举行四大法会，正月十五大法会最为隆重，为全寺之重要宗教活动。寺内的绘画、堆绣和酥油花最为有名，被誉为三绝。1961年公布为全国重点文物保护单位。

[二十七、道观]

　　中国道教供奉神像、举行祈祷仪式，以及道士生活、修道的处所。道观在历史上有治、庐、靖、馆、宫、观、庙等名称。唐宋以后，规模较大者称宫，一般者称观，祭祀天神或俗神者称庙。

中国道观的发展可分为三个阶段。

东汉中期至南北朝时期（2世纪初～6世纪末） 道教从草创至成熟的阶段。道教起源于民间杂祀和方士巫祝活动。东汉顺帝时，张陵在此基础上创五斗米道，又称天师道，奉老子为教主，以《道德经》为经典。信徒多栖居深山茅舍，也有较简单的宗教仪式场所。魏晋南北朝时，道观有两种形式。一是以宅为观。北魏寇谦之改革天师道，规定信徒可在家设坛礼拜，府宅演变而成道观；二是以高台殿堂为主体的"治"。据唐开元年间玉清观道士朱法满辑《要修科仪戒律钞太真科》描述的魏晋时期天师治的规制，其主体崇虚堂从偶数开间、屋上起台，名崇玄台，可知其脱胎于汉代台榭式礼制祠庙。而建于北魏始光二年(425)由寇谦之设计的平城天师大道坛庙下有三层方坛，上建圆形庙屋，据《水经注》记载，其形式如明堂。

唐宋时期（7世纪初～12世纪中） 唐朝尊崇道教。皇帝贵戚多以府第为观，如高宗以旧宅为昊天观，其子李弘宅为东明观，李贤宅为宏道观，其女太平公主宅为太平观，睿宗女金仙、玉真二公主也改宅为观等。府第道观多以楼阁为门，突出在坊墙以外，十分夺目。玄宗开元二十九年(741)，下诏两京及诸州各置玄元皇帝庙；天宝二年(743)诏长安老子庙称太清宫，洛阳庙称太微宫，诸郡庙称紫极宫。两京老子庙格局模拟皇宫，壮丽豪华。据《唐六典·祠部》载，唐开元末年天下道观总计1687所，仅次于佛寺。北宋道教在真宗、徽宗时期最盛，各地广建道观。真宗时造太清、上清、玉清诸宫，其中玉清照应宫费时7年，

江苏苏州玄妙观三清殿

日役工匠三四万，房屋 2627 间；又用白银 5000 两造玉皇像，黄金各 5000 两造老子和真宗像。徽宗在其出生地福宁殿东造玉清神霄宫，铸神霄九鼎，又在皇宫旁建上清宝箓宫。唐宋朝廷重视道观等级，重要工程都要"内出"图样，以保证礼制规格。此时期还确立了洞天福地岳渎名山的地位。据唐杜光庭编《洞天福地岳渎名山记》及宋真宗时道藏总汇《云笈七签》所记，大约在唐末宋初确定了五岳、五镇、四海、四渎、三十六洞天、七十二福地的道观体系。

明清时期（14 世纪中～ 20 世纪初） 此时期民间俗神杂祀有较大发展，皇家宫观只在明代永乐、嘉靖时有较多营造。永乐帝以帝业兴于北方，故奉北方之神玄武为护佑之神。宋朝为避其祖赵玄朗名讳，改玄武为真武。永乐十年(1412)，在传说玄武修炼之地武当山大造宫观，历时 7 年；又于十三年在京城造灵明显佑宫，在皇宫花园正中建钦安殿专祀真武大帝；全国各地真武庙更不计其数。嘉靖帝痴迷道教，在皇城内建造大光明殿、大高玄殿等大型道观，设立道经厂，又重定礼制，修葺各大岳渎庙。清代朝廷只在雍正时期有较多营建，民间祠庙则有很大发

建于 1375 年的咸阳三原县城隍庙

展，最多的是城隍、土地、财神、灶王、火神、关帝、文昌、药王、龙王、马神、天后（妈祖）等。

唐宋至明清，道观的格局和建筑形式与当时的佛寺无大区别，但大型道观也有一些特殊的建筑，如祈禳作法的坛，登高望气的楼、台，供静修或炼丹的房、洞等。道教崇尚自然，故道观或建有园林，或融进周围自然景观。

重要遗存　现存最早的道教建筑是山西芮城五龙庙（广仁王庙）大殿，建于唐会昌三年(843)，面阔五间，进深四间，单檐九脊顶。宋金遗存有两类：①建筑实物。以山西太原晋祠规模最大，此处原是周初晋地唐国始祖叔虞（周成王幼弟）之祠，宋天圣年间建圣母殿，供奉叔虞之母邑姜，亦称邑姜祠。山西晋城府城村玉皇庙，历宋、金、元陆续建成，也有一定规模。单座殿堂有山西陵川、高平、晋城的二仙观（庙）大殿，福建莆田玄妙观三清殿，但体量都不大。宋代规模最大者是苏州玄妙观三清殿。玄妙观原名天庆观，元代改今名，南宋淳熙六年(1179)重建。三清殿面阔九间，进深六间，重檐九脊顶，此殿当时是地方官为皇帝祝寿而建，故规模特大。②现状建筑为后代重建，但原址可考，且有当时图像显示其原貌。其最详者系山西万荣庙前村后土庙所存汾阴后土祠碑图。此图刻于金天会十五年(1137)，描绘的是宋真宗景德三年(1006)重修后之形象。宋代封后土神为"后土皇地祇"，汾阴后土祠是最高等级的祠庙。金承安五年(1200)所立的重修中岳庙图碑中，中岳庙与后土庙形制基本一致，都是按照"内出"的图样修建。元代重要遗存首推永乐宫，其原址在山西永济县永乐镇，1958年因修建三门峡水库迁至芮城龙泉村。永乐镇是唐代"八仙"之一吕嵒（洞宾）故里，现存四座殿堂均为元代宫式建筑，其中壁画尤为珍贵。元代岳渎庙中以河北曲阳北岳庙规模最大，现存德宁殿面阔九间，进深六间，规格与皇宫相近。北京朝阳门外东岳庙为元代正一派教主张留孙发愿兴建，虽经后代重建，但总体格局及部分结构仍存元制。元代俗神庙中，山西洪洞广胜下寺旁之水神庙价值较高，主殿明应王殿建于延祐七年(1320)，面阔进深各五间，重檐歇山顶，殿内绘有祭神杂剧演出壁画，反映了当时民间道观祭祀活动的场景。明清道观存量最多。皇家道观中，以北京

白云观山门

皇城内大高玄殿最为尊贵。此庙始建于明嘉靖二十一年 (1542)，规模巨大，格局严谨，庙前有牌坊三座及十字四出陛习礼亭二座（已拆），后有上圆下方乾元阁。清初在皇城内兴建宣仁、凝和、昭显庙，分祀风神、云神、雷神。原在金中都城内之长春宫（今北京城西）为全真派之主观，其教主邱处机葬于观东，元末观毁，葬地发展成白云观，是北方道观之首；江西鹰潭的龙虎山正一观则为南方道观之首。明清岳渎洞天福地更多改扩建，现存建筑除五岳外，以江苏茅山、四川青城山、陕西终南山、山东崂山、广东罗浮山、湖北武当山等最为著名。清代俗神祭祀以关帝庙最盛，其中最大者为关羽故里山西运城解州关帝庙。此外，北宋时福建莆田湄洲女林默被后世沿海船民尊为妈祖，受册封为天后，从南海至辽东，沿海城镇渔村多建有妈祖庙——天后宫。

永乐宫

全真道三大祖庭之一。原址在中国山西芮城县永乐镇。最初为吕公祠，或因吕仙传说而建。金代末年，改祠为观，元初毁于火灾。元世祖中统三年(1262)，马真皇后敕令升观为宫，名大纯阳万寿宫，后又更名永乐宫，由全真道士宋德方住持，永乐宫渐成为全真道的大丛林。明清两代几经修建，除宫门为清代建筑外，余皆是元代旧筑。1959年，因修建三门峡水利工程，将永乐宫得以保存的全部建筑并壁画，依原样迁于芮城县龙泉村。宫内主体建筑有宫门、龙虎殿（无极门）、三清殿（无极殿）、纯阳殿（吕祖殿、混成殿）、重阳窟（七真殿、袭明殿）。永乐宫各殿均有精美的壁画，题材丰富，绘技高超，其中三清殿的《朝元图》、纯阳殿的《纯阳帝君仙游显化图》、重阳殿绘王重阳故事画49幅和龙虎殿绘神荼、郁垒、神将等画像，在构图、着色、传神、衣纹、技法等方面皆为不可多得的道教壁画艺术珍品，亦有很高的史料价值。永乐宫为全国第一批重点文物保护单位。

永乐宫三清殿（山西）

［二十八、明堂］

中国古代最高等级的皇家礼制建筑之一。据古代一些经学家的解释，明堂和辟雍"异名同实"，又据各代修建明堂的文献记载和西汉末年长安明堂遗址，可以确定"明堂""辟雍"是一座建筑两种含义的名称。明堂是古代帝王颁布政令，接受朝觐和祭祀天地诸神以及祖先的场所。

据《考工记》记载，夏有世室，商有重屋，周有明堂，它们的基本形式都是在土台上建屋，平面呈"井"字形构图，相邻为九，间隔为五。但至今尚未发现春秋时期的明堂遗址。不过作为祭祀性建筑，它应当起源于原始氏族社会中。西安半坡新石器时代的"大房子"遗址，就是氏族成员集会的场所。在以农业生产为主，又以血缘关系为社会纽带的原始社会后期，氏族成员集会的主要活动就是祭祀与农业有关的神祇和祖先。所以"大房子"可能就是明堂的最初形态。进入

飞阁流丹 中国古代建筑类型

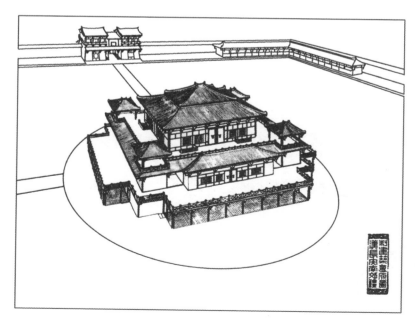

汉长安南郊明堂复原图

奴隶制社会以后，祭祀已成为一种礼仪，"大房子"也变成了有象征意义的礼制建筑。"井"字形构图符合数和形的和谐性与对称性，便于体现祭祀、礼制内容的严肃性和神秘性，于是在"大房子"的构图基础上演变成《考工记》叙述的夏、商、西周明堂形式。但其中的"夏后氏世室"，建筑尺度大大超过商和西周，而与汉代明堂接近，同时它的设计构图已很成熟，构造技术先进。明堂在周朝是作为天子接见诸侯王公的场所，有实用功能，同时也有体现周礼的象征作用。周礼是儒学推崇的最高典章，兴建明堂则是朝廷的重大盛举，汉以后的明堂形制也就成为经学家考证的重要课题。秦和西汉初年不重视儒学，没有兴建明堂。汉武帝独尊儒术，于元封二年（前109）在泰山建造了中国封建社会的第一座明堂，据《史记》记载，这是一个对称的台榭式建筑。西汉末年王莽标榜恢复周礼，于元始四年（公元4年）在长安（今西安）南郊由经学家刘歆设计了明堂。这座建筑的遗址于1957年发掘出来，很明显地带有《考工记》明堂构图形式的遗意，是台榭式建筑。但直到西汉末年，经学家对明堂只有简单的形式描述，而没有关于象征含义的解释。到东汉中元元年(56)在洛阳新建明堂，才有了明确的象征含义，它的形式仍是继承《考工记》以来的"井"字形构图的台榭式。两晋和南朝也建明堂，但完全舍弃了十字对称、井字分隔的台榭式形式，而改为一般的木结构殿宇。只有北魏太和十五年(491)在平城（今山西大同）造明堂，还继承汉明堂的形式。隋朝统一全国，几次议建明堂，著名建筑家宇文恺经过考证进行设计，还制作了模型。唐太宗、高宗又议造明堂，经过经学家们更详细的考证，终因各家分歧太大而没有建成。武则天垂拱三至四年(687～688)决心"不听群言""自我作古"，在她亲自过问下于洛阳建成了中国古代体量最大、形式奇特、楼阁式的明堂；到唐玄宗开元二十五年(737)拆去上层加以改建。北宋政和五至七年(1115～1117)拆改京城汴梁（今河南省开封市）宫内秘书监，又按周礼建造了一座明堂，它是由几个天井联系的院落。东汉以后，中国封建社会的礼仪制度已经非常完备，周礼中的明堂功能已由其他礼制建筑代替，以后各代的明堂，只是某种政治的象征而已。北宋以后各代均不再建明堂。只有明朝嘉靖二十四年(1545)改建北京天坛，新建圆形大享殿（清的祈年殿），曾经一度把它附会为古代明堂。清乾隆四十九年(1784)，在国子监正中新建一座辟雍，方亭外绕圆形水池，附会为古代辟雍型制。但这个辟雍是太学的别称，与明堂本没有关系，只不过是借用了环水的形式。

［二十九、陵墓］

中国帝王的坟墓，是中国古代建筑的一个重要类型。现代对一些革命领袖的坟墓也称陵，如中山陵。

简史　中国古代习用土葬。新石器时代墓葬多为长方形或方形竖穴式土坑墓，地面无标志。在河南省安阳殷墟遗址中曾发现不少巨大的墓穴，有的距地表深达十余米。并有大量奴隶殉葬和车、马等随葬。周代陵墓集中在陕西省西安和河南省洛阳附近。战国时期陵墓开始形成巨大坟丘，设有固定陵区。河北省平山县发现建筑遗迹，按出土的《兆域图》称之为王堂。秦始皇陵在陕西省临潼，规模巨大，围绕陵丘设内外二城及享殿、石刻、陪葬墓等。据记载，地下寝宫装饰华丽，随

秦始皇陵

葬各种奇珍异宝，其建筑规模对后世陵墓影响很大。汉代帝王陵墓多于陵侧建城邑，称为陵邑。唐代是中国陵墓建筑史上一个高潮，有的陵墓因山而筑，气势雄伟。由于帝王谒陵的需要，在陵园内设立了祭享殿堂，称为上宫；同时陵外设置斋戒、驻跸用的下宫。陵区内置陪葬墓，安葬诸王、公主、嫔妃，乃至宰相、功臣、大将、命官。陵山前排列石人、石兽、阙楼等。北宋除徽、钦二帝被金所虏，囚死漠北外，七代帝陵都集中在河南省巩义，规模小于唐陵。南宋建都临安，仍拟还都汴梁，故帝王灵柩暂厝绍兴，称攒宫。元代帝王死后，葬于漠北起辇谷，按蒙古族习俗，平地埋葬，不设陵丘及地面建筑，因此至今陵址难寻。明代太祖孝陵在江苏省南京，迁都北京后各帝陵在北京昌平天寿山，总称明十三陵。各陵都背山而建，在地面按轴线布置宝顶、方城、明楼等一组建筑，在整个陵区前设置总神道，建石像生、碑亭、大红门、石牌坊等，造成肃穆庄严的气氛。其中定陵已经考古发掘，地下寝宫分前殿、中殿、后殿和左右二配殿，全部用石材构筑。明代是中国陵墓建筑史上另一高潮。清代陵墓，前期的清永陵在辽宁新宾满族自治县，清福陵、清昭陵在沈阳，其余陵墓建于河北省遵化和易县，分别称为清东陵和清西陵。建筑布局和形制因袭明陵，建筑的雕饰风格更为华丽。

明十三陵神路及石像生

空间布局和艺术构思

中国陵墓是建筑、雕刻、绘画、自然环境融于一体的综合性艺术。其布局可概括为三种形式：①以陵山为主体的布局方式，可以秦始皇陵为代表。其封土为覆斗状，周围建城垣，背衬骊山，轮廓简洁，气象巍峨，营造出纪念性气氛。②以神道贯穿全局的轴线布局方式，如唐代高宗乾陵。以山峰为陵山主体，前面布置阙门、石像生、碑刻、华表等组成神道，神道前再建阙楼。借神道上起伏、开合的空间变化，衬托陵墓建筑的宏伟气魄。③建筑群组的布局方式。明清的陵墓都是选择群山环绕的封闭性环境作为陵区，将各帝陵协调地布置在一处。在神道上增设牌坊、大红门、碑亭等，建筑与环境密切结合在一起，创造出庄严肃穆的环境。

　　中国古代人崇信人死之后，在阴间仍然过着类似阳间的生活，对待死者应该"事死如事生"，因而陵墓的地上、地下建筑和随葬生活用品均仿照世间。文献记载，秦汉时代陵区内设殿堂收藏已故帝王的衣冠、用具，置宫人献食，犹如生时状况。秦始皇陵地下寝宫内"上具天文，下具地理"，"以水银为百川江河大海"，并用金银珍宝雕刻鸟兽树木，完全是人间世界的写照。陵东已发掘出兵马俑坑三处，坑中兵马俑密布，完全是一队万马奔腾的军阵缩影。唐代陵园布局仿长安城，四面出门，门外立双阙。神路两侧布石人、石兽、石柱、番酋像等。陕西省乾县唐懿德太子墓的地下部分也是比照宫廷建筑风貌所设计的地下墓室。

西稷山马村 2 号金墓戏剧俑

　　用材和结构　陵墓墓室使用木、砖、石三种材料。因时代不同结构形式有变化。大型木椁墓室是殷代开始一直到西汉时期墓室的特点。早期为井干式结构，即用大木纵横交搭构成。到西汉时又出现用大木枋密排构成的黄肠题凑形式，形成木构墓室的高潮，汉代一些王墓即属此制。砖筑墓室是墓室结构的重要形式，反映出早期砖结构技术的发展水平。砖筑墓室分为空心砖砌筑和型砖砌筑两类。空心砖墓室始于战国末期，型砖墓室约始于西汉中期，南北朝和隋唐时期应用渐广。墓室顶部结构有几种形式，方形顶部为叠涩或拱券，长方形顶部为筒拱等。例如南京南唐李昪钦陵墓室的前、中二室为砖砌墓室。石筑墓室多采用拱券结构，五代时期的前蜀王建墓的墓室是由多道半圆形拱券组成。宋陵墓室虽然是由石料构成，但顶部是由木梁承重，为木石混合结构。明清陵墓墓室全部用高级石料砌筑的拱券，与无梁殿相似。数室相互贯通，形成一组华丽的地下宫殿。

明十三陵

中国明代13个皇帝的陵墓。位于北京市昌平区天寿山下。自明成祖朱棣迁都北京后明代共有14帝，除景帝朱祁钰因故别葬金山外，其他皇帝均葬于此。各陵分别为：成祖长陵、仁宗献陵、宣宗景陵、英宗裕陵、宪宗茂陵、孝宗泰陵、武宗康陵、世宗永陵、穆宗昭陵、神宗定陵、光宗庆陵、熹宗德陵、思宗思陵。始建于成祖永乐七年(1409)，止于清初。1956年发掘明定陵。明十三陵整体性强，

长陵祾恩殿

布局主从分明，在选址和总体规划方面为中国古代陵墓建筑中的成功之作。1961 年国务院公布为全国重点文物保护单位。

明十三陵以长陵为中心，坐北面南，以昭穆为序，诸陵依山势布置在天寿山南麓。陵区周围 40 千米，四周因山设围墙。陵园大门为大红门，门前有石牌坊和下马碑。牌坊为五间六柱，庑殿顶，东西宽 33.6 米，高 10.5 米，是中国最大的石坊。门内有神路通各陵。神路中央有"大明长陵神功圣德碑"，碑周围有 4 个石华表。神路两侧立神道石柱，以及石像生，包括石兽 24 个，狮子、獬豸、骆驼、象、麒麟、马各 4 个，都是两卧两立；石人 12 个，武臣、文臣、勋臣各 4 个。各陵布局大体相同，均效仿明孝陵首创的以方城明楼为核心，与祾恩殿相结合，分成三进院落的宫殿式陵墓建筑形式。具体布局为：陵门前有无字碑，门内有祾恩门和祭陵用的祾恩殿，殿后有牌楼门和石五供，再后有宝城环绕，宝城上建明楼，楼内石碑上刻着皇帝的庙号、谥号，宝城内封土下为地宫。明长陵建筑规模最大。其祾恩殿面宽九间，进深五间，重檐庑殿顶，台基有三层汉白玉护栏环绕，殿内有 32 根直径在 1 米以上的本色楠木巨柱，殿面积 1956 平方米，雄伟雅洁，为国内所仅见；宝城直径 340 米，周长超过 1 千米。末帝崇祯朱由检用的是田贵妃的墓室，规模最小。各陵陵园左右设神宫监、神马房、祠祭署等。

王建墓

中国五代前蜀主王建之墓，又称永陵。位于四川成都永陵路。王建辛于光天元年 (918)，同年入葬。墓于 1942～1943 年发掘，1961 年国务院公布为全国重点文物保护单位。所在地有成都永陵博物馆，为成都市旅游景点。

王建石像

此墓陵台呈圆形，高约 15 米，直径
80 余米，以土夯筑，基部周围垒条石。
外围有砖基 3 道，可能是陵垣遗迹。陵
南 300 米处曾出土文官石像 1 躯。墓室
在陵台下，南向，无墓道，全长 30.8 米。
有前、中、后 3 室，侧壁均用红砂岩砌
突出的肋，上部向中心斗合，形成一道
道石拱券。其间再砌石块、铺石板，形
成墓室。这种拱券形式为五代时所罕见。
拱券及石板表面均涂抹细泥、白垩，其
上施彩，券顶为天青色，壁面朱色。中
室有须弥座式石棺床，上置棺椁，棺床

王建墓墓室

四周有伎乐浮雕。所雕乐器组合属燕乐，属汉化的龟兹乐系统，但杂有清乐
系统乐器。棺床两旁有托棺床的十二神半身石像，均顶盔披甲，形象孔武肃穆。
后室石床上置墓主圆雕石像，为古代写实肖像佳作。墓早年被盗，残存银、铜、
漆、玉、石、陶随葬品 30 余件。后室出宝盝、谥宝、册匣、玉册，是研究唐
五代有关文物制度的宝贵资料。